CAPTURANDO LO INVISIBLE

Guía práctica de astrofotografía de cielo profundo

Diciembre de 2025

Foto de portada / Nebulosa del Velo. Imagen de Félix Juste

Textos y fotografías / Félix Juste (excepto firmadas)

Diseño y maquetación / Equipo gráfico de Prames

Edita / Prames / Camino de los Molinos, 32 • 50015 Zaragoza • www.prames.com

ISBN / 978-84-8321-646-0

Depósito legal / Z 1795-2025

Imprime / Imprenta Mundo

CAPTURANDO LO INVISIBLE

Guía práctica de astrofotografía de cielo profundo

Félix Juste Gómez

PRAMES

M 76, PEQUEÑA NEBULOSA DUMBBEL,
EN LA CONSTELACIÓN DE PERSEUS.
IMAGEN DE ESA/HUBBLE

A la comunidad astro, que comparte,
aprende y enseña sin pedir nada a cambio
y a quienes luchan por proteger
los cielos que aún nos quedan.

Hubble Ultra Deep Field (HUDF). Imagen de ESA/Hubble

Índice

Nebulosa planetaria NGC 5189, en la constelación de Musca. Imagen de ESA/Hubble

Me pregunto si las estrellas se iluminan con el fin de que algún día, cada uno pueda encontrar la suya.

(*El Principito*, Antoine de Saint-Exupéry, 1943)

Desde tiempos inmemoriales, las estrellas han inspirado a soñadores, exploradores y científicos. Esta guía no es solo un manual técnico sobre cómo capturarlas, sino una invitación a descubrir tu propio rincón en el cosmos. A través de la astrofotografía, no solo aprenderás a observar el cielo, sino a conectar con él de una manera única y personal.

La astrofotografía es más que un simple pasatiempo; es una ventana al universo, una forma de capturar la majestuosidad del cosmos y llevarla a la Tierra. Desde que empecé mi viaje en este fascinante campo, siempre me pregunté: "¿Qué habría querido saber al comenzar? ¿Qué consejos me habrían ahorrado tiempo, dinero y frustración?" Este libro nace precisamente de esas reflexiones.

Recuerdo mis primeros intentos de capturar el cielo nocturno. Sin una guía clara, me encontraba perdido en un océano de opciones y decisiones: desde elegir el equipo adecuado hasta entender los conceptos básicos de la exposición y la postproducción. La falta de información específica y accesible fue mi mayor obstáculo. Aprender astrofotografía a menudo puede parecer un desafío abrumador. A medida que fui progresando, me di cuenta de lo crucial que es tener un recurso que no solo te enseñe las técnicas, sino que también te oriente sobre cómo elegir el camino correcto basado en tus intereses y circunstancias personales.

La clave para iniciarse con éxito en la astrofotografía radica en comprender qué queremos capturar y cómo queremos hacerlo. Ya sea que tu pasión se centre en las estrellas, los planetas, las nebulosas o las galaxias, cada elección requiere un enfoque y un equipo diferente. Es fundamental informarse bien, ya sea a través de amigos con experiencia, libros especializados o recursos en línea, para saber qué tipo de equipo se adapta mejor a nuestras necesidades y cuál es el camino más adecuado para alcanzar nuestras metas.

M 16, la nebulosa del Águila, en la constelación de Serpens. Imagen y procesado de Félix Juste

Y, por supuesto, todo esto siempre debe estar alineado con nuestras preferencias personales y, especialmente, con nuestro presupuesto.

Este libro está diseñado para ser ese recurso que yo habría deseado tener desde el principio. He incluido temas clave que abordan desde los fundamentos hasta técnicas avanzadas, con un enfoque práctico y accesible. Encontrarás sugerencias sobre cómo elegir el equipo adecuado, configurarlo y sacar el máximo provecho de él. También he añadido consejos sobre cómo mejorar tus habilidades, tanto si eres un principiante absoluto como si ya tienes algo de experiencia.

La astrofotografía es una disciplina en constante evolución. Con cada imagen capturada, aprendemos algo nuevo, no solo sobre el universo, sino también sobre nuestras propias capacidades como fotógrafos y exploradores del cielo nocturno. Mi esperanza es que este libro no solo te sirva como una guía técnica, sino que también te inspire a mirar hacia arriba con asombro y curiosidad, y a capturar la belleza del cosmos de una manera que sea única para ti.

Bienvenido a esta increíble aventura. Que este libro sea el comienzo de muchas noches bajo las estrellas, capturando la inmensidad y la maravilla del universo.

Saturno y sus lunas. Imagen de NASA/ESA, A. Simon (GSFC) and the OPAL Team, and J. DePasquale (STScI)

Capítulo 1

INTRODUCCIÓN
A LA ASTROFOTOGRAFÍA
DE CIELO PROFUNDO

REMANENTE DE SUPERNOVA VELA SNR.
IMAGEN DE ALPHA ZHANG EN CHILE, PROCESADA POR ZHANG
H. (HTTPS://APP.ASTROBIN.COM/I/5D7MGN?R=D)

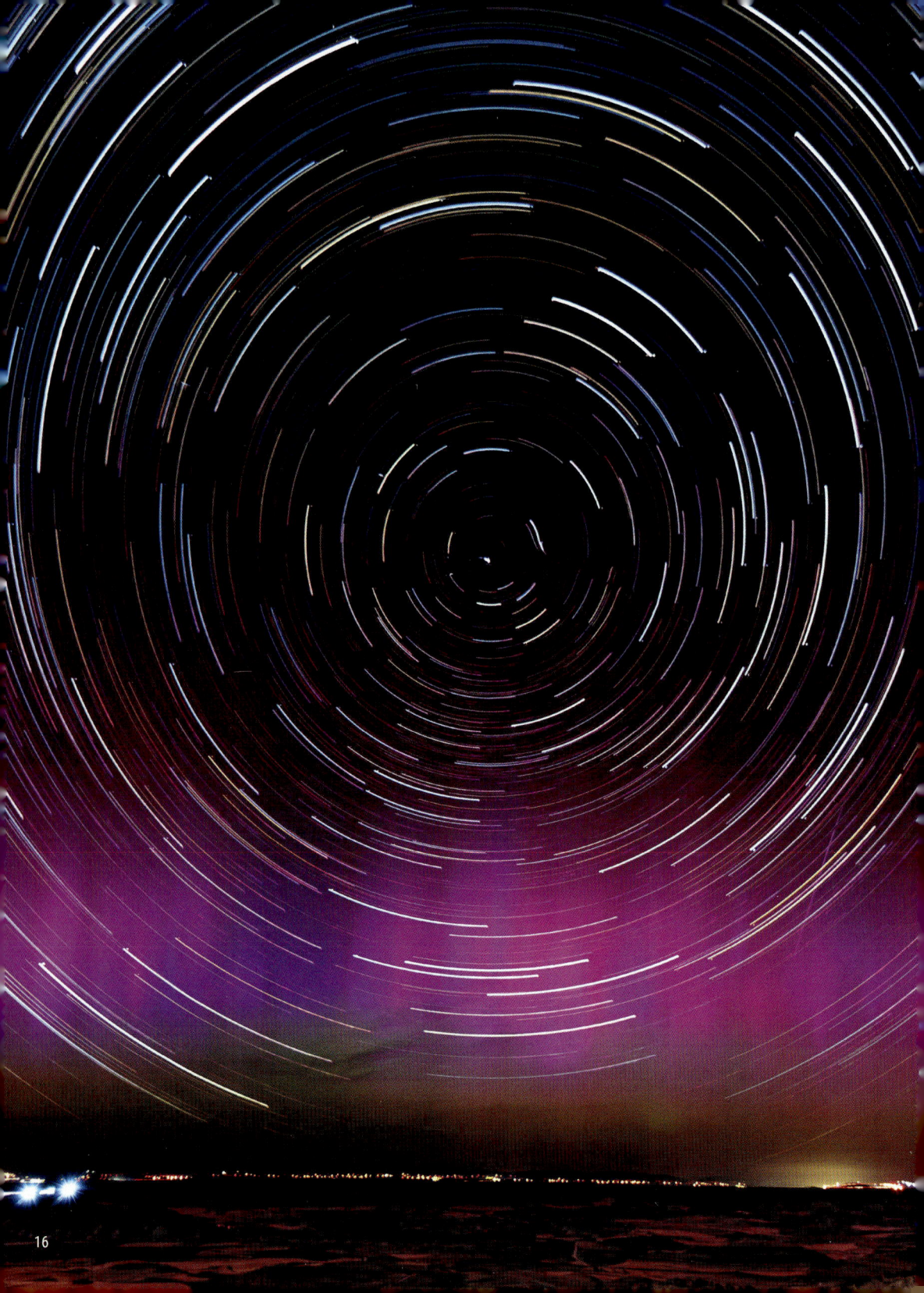

1.1. Astrofotografía

Fusionando la fotografía con la astronomía

La astrofotografía es una fascinante combinación de fotografía y astronomía amateur que permite capturar imágenes detalladas de los cuerpos celestes. Utilizando técnicas fotográficas avanzadas, podemos superar las limitaciones de la observación directa. Estas técnicas permiten revelar detalles ocultos del universo, demasiado débiles para ser percibidos por el ojo humano, incluso con telescopios potentes. La clave está en la capacidad de la emulsión fotográfica y, más recientemente, de los sensores digitales para acumular luz durante períodos prolongados, capturando así radiaciones visibles que escapan a nuestra vista natural.

En astrofotografía, se pueden utilizar cámaras digitales compactas de buena calidad que son relativamente accesibles. Estas cámaras, cuando se configuran correctamente en términos de exposición, sensibilidad ISO, apertura y enfoque, pueden ofrecer resultados sorprendentes. Aunque las cámaras compactas pueden ser un buen punto de partida, para aquellos que buscan adentrarse más en la astrofotografía de cielo profundo, las cámaras réflex digitales (DSLR) son recomendables debido a su amplia gama de configuraciones y su capacidad para capturar más detalles.

Las cámaras DSLR permiten una flexibilidad extraordinaria en la elección de tiempos de exposición, sensibilidades del sensor, y tipos de objetivos. Por ejemplo, una configuración común para capturar la Vía Láctea con una DSLR es usar un ISO de 1600, una exposición de 15-20 segundos y un objetivo de 18-55 mm a su máxima apertura.

Además, se pueden adaptar directamente a los telescopios, lo que permite obtener imágenes de alta resolución con mayor precisión y detalle. Esta capacidad abre la puerta a la fotografía de objetos más distantes y débiles, como nebulosas y galaxias.

El compañero que estaba capturando esta circumpolar se vio gratamente sorprendido con la aparición de esta aurora, fenómeno extremadamente raro en la latitud donde solemos hacer nuestras quedadas estelares. Fotografía de José Luis Sangüesa

Técnicas de astrofotografía para amateurs

Existen varias técnicas de astrofotografía que son accesibles para los amateurs, cada una con sus propias herramientas y desafíos.

Star Trails (rastros de estrellas)

Esta técnica consiste en capturar el movimiento aparente de las estrellas en el cielo, creando imágenes donde las estrellas parecen dejar un rastro circular alrededor del polo celeste, como la estrella Polar en el hemisferio norte o la Cruz del Sur en el hemisferio sur. Es una técnica popular que puede realizarse con casi cualquier tipo de cámara montada en un trípode, y es especialmente efectiva en áreas con cielos oscuros y sin contaminación lumínica.

Fotografía de paisaje nocturno

Esta técnica combina paisajes terrestres con el cielo nocturno, a menudo incluyendo la Vía Láctea o la Luna. Sin embargo, este enfoque presenta un desafío técnico significativo: si la cámara permanece fija apuntando al paisaje, las estrellas aparecerán como estelas debido a la rotación de la Tierra. Para solucionar esto, se puede utilizar un dispositivo de seguimiento de estrellas (*Star tracker*), que permite a la cámara seguir el movimiento de las estrellas. No obstante, esto hace que el paisaje terrestre parezca borroso. La solución a este problema es utilizar *software* especializado que permite congelar el movimiento del paisaje mientras se apilan las imágenes de las estrellas.

Fotografía con seguimiento

Esta técnica implica el uso de telescopios computarizados o monturas motorizadas que siguen el movimiento de los objetos a lo largo de la bóveda celeste. Esta técnica es esencial para fotografiar objetos de cielo profundo con precisión y claridad.

Aunque requiere paciencia y cierta habilidad técnica, los equipos modernos con conectividad wifi y sistemas GoTo han facilitado enormemente el proceso, permitiendo a los astrofotógrafos localizar y seguir objetos celestes automáticamente.

Fotografía lunar y planetaria

Este tipo de astrofotografía puede realizarse con una variedad de equipos, desde cámaras digitales hasta telescopios con adaptadores para cámaras o incluso dispositivos

Vía Láctea y reflejo sobre el lago Two Jack Lake, Canadá. Foto de Dan Zafra (www.capturetheatlas.com)

Cráteres lunares y Saturno. Fotografías de Alberto Berdejo,
Agrupación Astronómica Aragonesa (AAA)

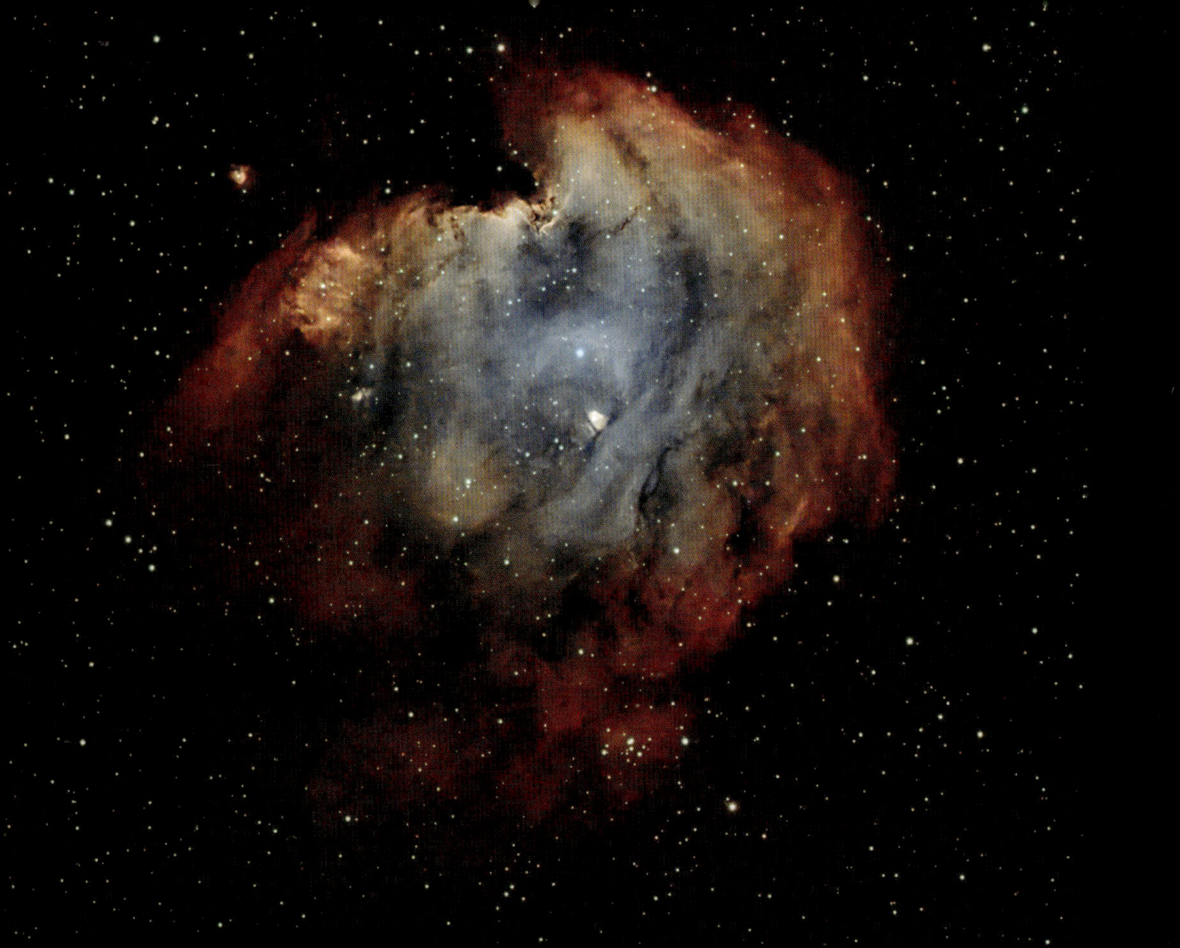

NGC 2174, nebulosa Cabeza de Mono. Foto de Félix Juste

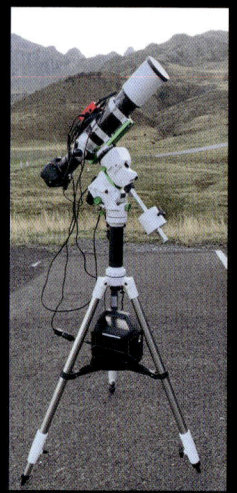

Muestra de diferentes equipos en astrocity.es

móviles o webcams. Además de las técnicas de cielo profundo, la fotografía lunar y pla-netaria ofrece a los principiantes una excelente opción para capturar los detalles objetos más cercanos como los de la superficie de la Luna o de planetas cercanos.

Técnica de *stacking*

El *stacking* o apilado de imágenes, es una técnica avanzada utilizada tanto en fotografía planetaria y lunar como en la fotografía de campo amplio y cielo profundo. Consiste en capturar múltiples imágenes o un vídeo de un objeto celeste durante un tiempo prolongado, y luego utilizar *software* especializado para apilar las mejores tomas. Este proceso mejora significativamente la relación señal-ruido, revelando detalles más finos y sutiles que de otro modo serían invisibles.

Equipos necesarios para la astrofotografía amateur

La astrofotografía puede realizarse con una gran variedad de equipos, desde dispo-sitivos móviles o cámaras compactas con trípodes hasta telescopios avanzados con monturas motorizadas y sistemas de autoguiado. Para aquellos que están comenzando, una cámara digital simple y un trípode son suficientes para experimentar con técnicas básicas como *star trails* o fotografía lunar. Sin embargo, a medida que se avanza, la inversión en equipos más sofisticados, como cámaras DSLR, telescopios con monturas computarizadas y dispositivos de seguimiento, permite a los astrofotógrafos capturar imágenes más detalladas y espectaculares del cosmos.

Con las herramientas y técnicas adecuadas, la astrofotografía abre una ventana al uni-verso, permitiéndonos explorar y documentar la belleza y el misterio del cielo nocturno.

Nebulosa de los Renacuajos.
Foto de Félix Juste

1.2. Breve historia de la astrofotografía

La astrofotografía ha evolucionado significativamente desde sus primeros días, transformando la manera en que los astrónomos observan y documentan el cosmos. El camino hacia la captura de imágenes del espacio comenzó en el siglo XIX, cuando los avances en la tecnología fotográfica permitieron registrar la luz de los cuerpos celestes en soportes físicos, algo que anteriormente era impensable.

Los primeros pasos:
el daguerrotipo y las primeras imágenes de la Luna

La idea de usar la fotografía para documentar el cielo se propuso por primera vez en el Observatorio de París, cuando se sugirió a la Cámara de Diputados francesa la compra del proceso desarrollado por Louis Daguerre, para ponerlo "a disposición de Francia y del mundo". El 23 de marzo de 1840, John William Draper logró el primer uso reconocido de la astrofotografía al capturar un daguerrotipo de la Luna. Esta imagen, aunque rudimentaria, marcó un hito al ser la primera fotografía astronómica de la historia.

Unos años después, en la noche del 16 al 17 de julio de 1850, William Bond y John Adams Whipple utilizaron un telescopio del Observatorio de la Universidad de Harvard para tomar la primera fotografía de una estrella: Vega, en la constelación de Lyra. Al igual que la fotografía de Draper, esta también fue un daguerrotipo, y demostró que era posible captar la luz de estrellas individuales, abriendo el camino para futuros desarrollos en la astrofotografía estelar.

El surgimiento de la astrofotografía de cielo profundo

La capacidad de fotografiar objetos del cielo profundo comenzó a desarrollarse a fines del siglo XIX. El 30 de septiembre de 1880, Henry Draper, hijo de John William Draper, fotografió la gran nebulosa de Orión utilizando una placa fotográfica de colodión húmedo y un telescopio de 28 cm de diámetro. Esta fue la primera vez que se capturó una imagen de un objeto de cielo profundo, demostrando que la fotografía podía revelar

Primera imagen
de la Luna,
daguerrotipo de
20 minutos de
exposición realizado
el 23 de marzo
de 1840 con un
telescopio reflector
de 13 pulgadas
por John William
Draper, profesor de
Química y Física en
la Universidad de
Nueva York

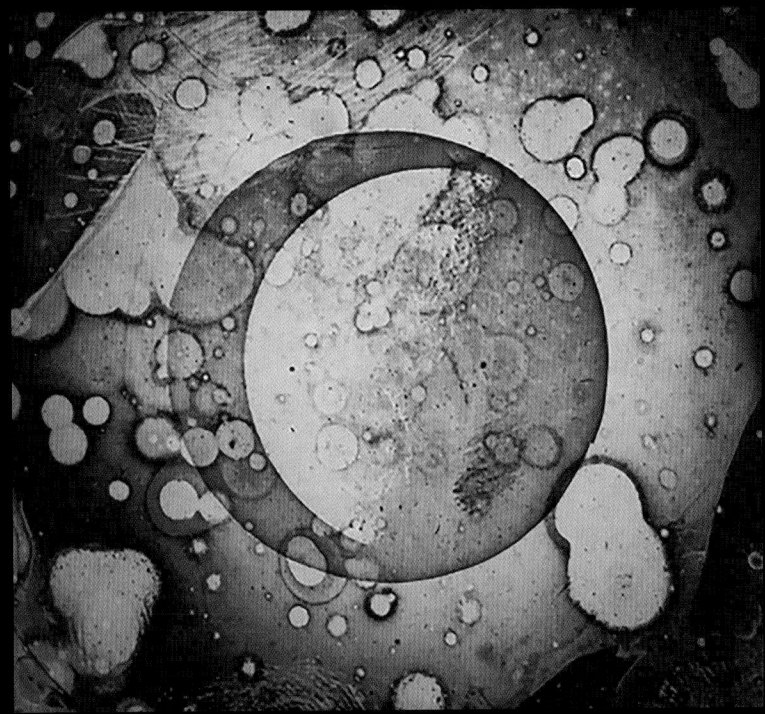

1882 Nov 7d.

Arriba, el gran Cometa de 1882, foto de sir David Gill. Derecha, primera imagen de la gran nebulosa de Orión,
foto de George Ritchey-Yerkes Obserbatory

Gran Nebulosa de Orión.
Foto de Félix Juste

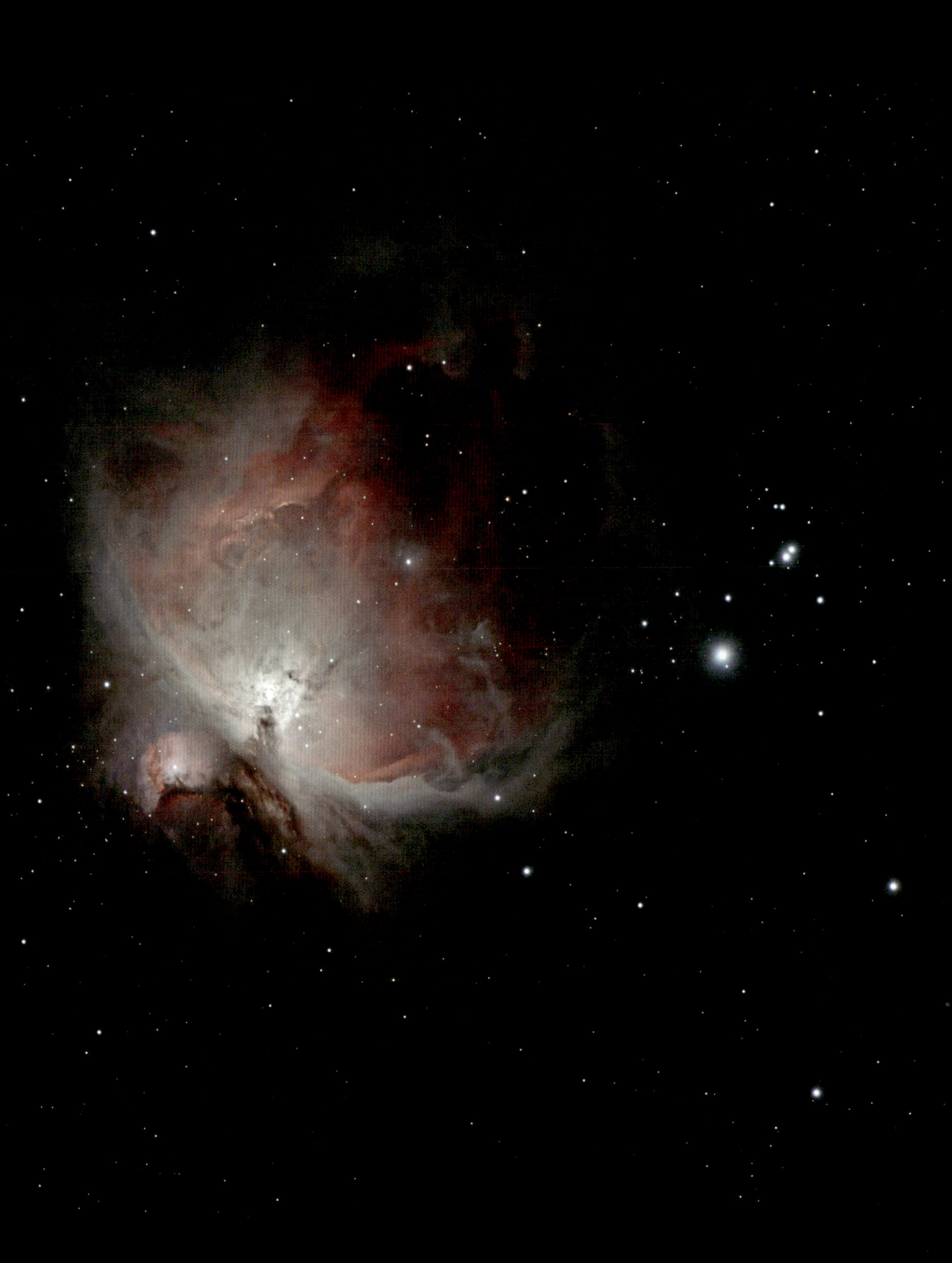

detalles que el ojo humano no podía percibir, incluso con la ayuda de los telescopios más avanzados de la época.

Avances en la técnica y el equipo fotográfico

Con el tiempo, la astrofotografía continuó evolucionando. La invención de la fotografía de placas secas por Richard Leach Maddox en 1871 revolucionó el campo, permitiendo exposiciones más largas y mayor facilidad de uso en comparación con el colodión húmedo. Esta técnica fue crucial para astrónomos como sir David Gill, un pionero en la medición de distancias astronómicas y en la astrofotografía. Gill, trabajando en Sudáfrica, utilizó esta nueva tecnología para fotografiar el Gran Cometa de 1882 y para mapear las posiciones y brillos de casi medio millón de estrellas del hemisferio sur. Además, desempeñó un papel fundamental en la organización de la Carte du Ciel, un ambicioso proyecto que buscaba mapear todo el cielo.

Superando las limitaciones humanas: del daguerrotipo al CCD

A medida que avanzaba la tecnología fotográfica, también lo hacía la capacidad de los astrónomos para capturar imágenes más detalladas y precisas. Aunque los daguerrotipos y las placas húmedas de colodión permitieron los primeros pasos en astrofotografía, tenían limitaciones significativas, como la capacidad de capturar solo los objetos más brillantes debido a la sensibilidad limitada de los materiales.

Con la introducción del Dispositivo de Carga Acoplada (CCD) Siglas de la expresión inglesa *Charge-coupled device*, en la década de 1970, la astrofotografía experimentó una revolución. Este sensor digital permitió detectar niveles mucho más bajos de luz, facilitando la captura de imágenes en color del universo y marcando el comienzo de la astronomía moderna de múltiples longitudes de onda. Con esta tecnología, los astrónomos pudieron estudiar el universo en diferentes espectros de luz, recopilando una cantidad de datos sin precedentes que han permitido un mayor entendimiento de la estructura y evolución del cosmos.

Un fragmento de uno de los mapas estelares más completo, la Carte du Ciel

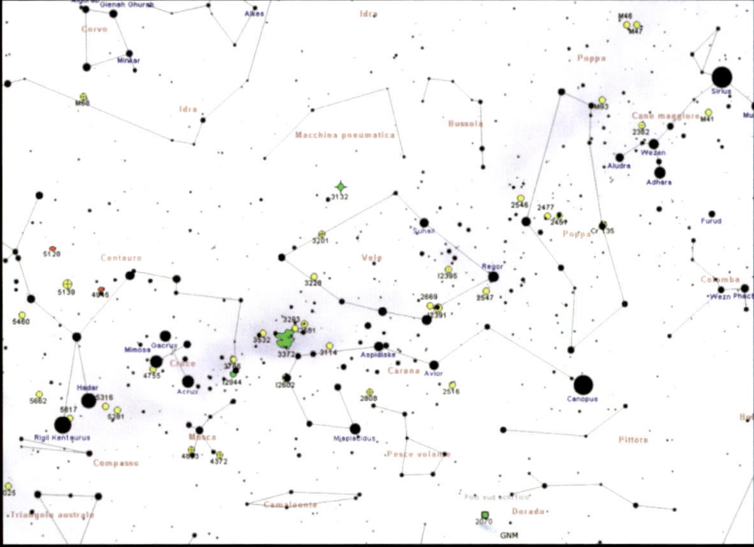

Sensor CCD y esquema de funcionamiento. Fuente: es.wikipedia.org/wiki/Dispositivo_de_carga_acoplada

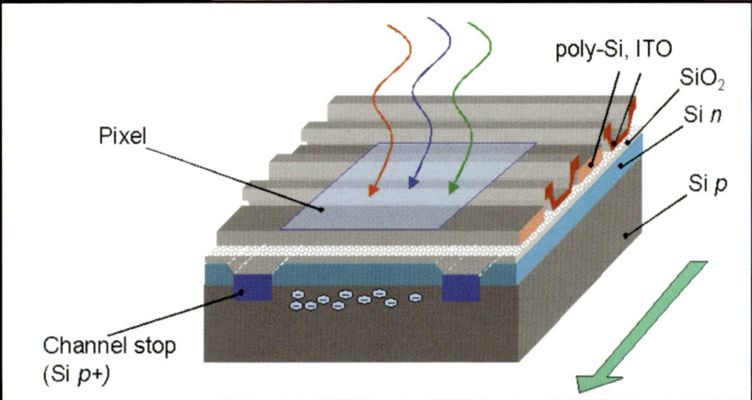

poly-Si, ITO
SiO_2
Si n
Si p
Pixel
Channel stop
(Si $p+$)

Hacia la exploración infinita

Hoy en día, capturar la belleza del espacio es mucho más accesible que hace 150 años. La astrofotografía moderna permite a los astrónomos y aficionados explorar y documentar el universo con un detalle asombroso, revelando maravillas que están más allá del alcance del ojo humano. Con cada imagen capturada, aprendemos más sobre nuestro lugar en el cosmos y seguimos empujando los límites de nuestro conocimiento sobre el universo.

Datos curiosos sobre astrofotografía

Los primeros astrofotógrafos. La astrofotografía comenzó en el siglo XIX. La primera fotografía de la Luna se tomó en 1840 por John William Draper, utilizando una exposición de 20 minutos en una placa de daguerrotipo.

Fotografía del sol antes de las cámaras modernas. Antes de las cámaras digitales, los astrónomos usaban placas fotográficas de vidrio cubiertas con emulsión sensible a la luz para capturar imágenes del Sol y las estrellas. Estas placas podían detectar detalles mucho más finos que el ojo humano.

Astrofotografía a color. Aunque las primeras astrofotografías eran en blanco y negro, en la década de 1950 comenzaron a producirse imágenes a color mediante el uso de filtros. Los astrónomos combinaban múltiples exposiciones a través de filtros de colores rojo, verde y azul para crear una imagen en color.

Objetos invisibles al ojo humano. Gracias a la astrofotografía, se han descubierto objetos celestes como nebulosas y galaxias que son invisibles al ojo desnudo. Estas imágenes capturan luz en longitudes de onda que los humanos no pueden ver, como el ultravioleta y el infrarrojo.

Impacto del aire y la atmósfera. La calidad de las astrofotografías puede verse afectada por la atmósfera terrestre. Este fenómeno, conocido como seeing, se refiere a la turbulencia atmosférica que puede distorsionar las imágenes astronómicas. Las mejores condiciones para astrofotografía suelen encontrarse en lugares altos, secos y con poco aire contaminado.

Nebulosa del Mago, capturada con un equipo de iniciación modesto pero completo. Foto de Félix Juste

UGC 1810 y UGC 1813, conjunto de galaxias Arp-273, conocido también como La Rosa Cósmica. Imagen de ESA/Hubble

El papel de la tecnología digital. La llegada de las cámaras digitales y los sensores CMOS y CCD ha revolucionado la astrofotografía. Estos sensores son extremadamente sensibles a la luz y pueden capturar detalles finos y colores que eran imposibles de registrar con las películas fotográficas tradicionales.

Imágenes compuestas. Muchas astrofotografías son en realidad composiciones de varias imágenes tomadas en diferentes momentos. Este proceso, conocido como apilado, permite a los fotógrafos mejorar la relación señal- ruido y capturar detalles más finos de objetos débiles.

La astrofotografía no solo se hace de noche. Aunque muchos asocian la astrofotografía con el cielo nocturno, también se pueden tomar impresionantes fotografías del Sol durante el día, utilizando filtros especiales que protegen la cámara y los ojos del fotógrafo de los dañinos rayos solares.

Astrofotografía y ciencia ciudadana. Muchos astrofotógrafos aficionados contribuyen a la ciencia a través de programas de ciencia ciudadana. Algunos incluso han descubierto cometas, supernovas y otros fenómenos astronómicos antes que los profesionales.

El fenómeno de la contaminación lumínica. La contaminación lumínica es uno de los mayores desafíos para la astrofotografía. Incluso una pequeña cantidad de luz artificial puede dificultar la captura de objetos celestes. Por eso, muchos astrofotógrafos viajan a lugares remotos para encontrar cielos oscuros y sin contaminación.

El desafío del tiempo de exposición. Fotografiar objetos lejanos del espacio requiere largas exposiciones, a veces de varias horas. Para evitar imágenes borrosas debido al movimiento de la Tierra, se utilizan monturas motorizadas que giran sincronizadas con la rotación de la Tierra.

Astrofotografía de objetos en movimiento. Fotografiar asteroides o cometas en movimiento es un desafío especial. Los astrofotógrafos deben calcular la trayectoria y velocidad del objeto para ajustar sus tiempos de exposición y asegurar que las imágenes sean nítidas.

Las primeras imágenes del Hubble. El telescopio espacial Hubble, lanzado en 1990, ha proporcionado algunas de las imágenes más impresionantes del cosmos. Sin embargo, las primeras imágenes fueron borrosas debido a un error en el espejo principal.

Estrella supergigante roja V838 Mon, en la constelación Monoceros. Imagen de ESA/Hubble

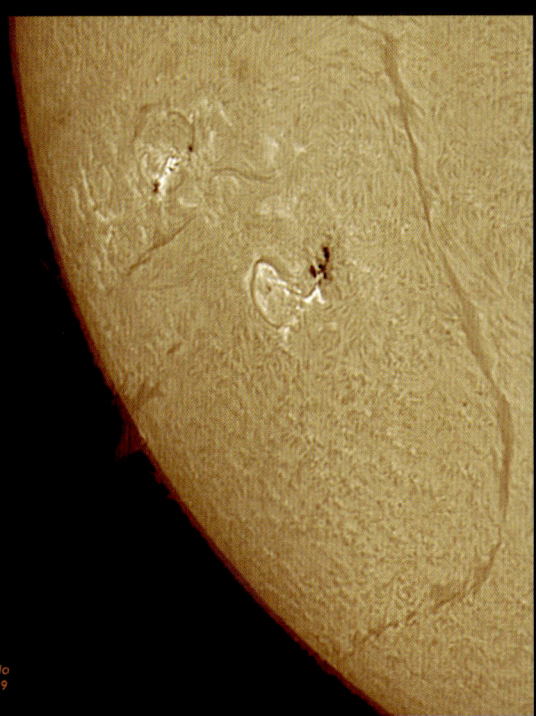

Manchas solares y filamentos en la cromosfera del Sol. Fotografía de Juan Trujillo (Agrupación Astronómica Aragonesa)

Juan M Trujillo
Obs JTC2019
5 nov 2024

Después de una misión de reparación en 1993, el Hubble comenzó a capturar las impresionantes fotografías que conocemos hoy.

Fotografías que tardan años en completarse. Algunos proyectos de astrofotografía son extremadamente largos y pueden requerir años para completarse. Por ejemplo, las imágenes detalladas de las nebulosas de emisión o regiones de formación estelar pueden requerir docenas o incluso cientos de horas de exposición, a menudo acumuladas durante varias temporadas.

Astrofotografía y la captura de eventos efímeros. Los astrofotógrafos a menudo intentan capturar eventos astronómicos raros, como eclipses, tránsitos planetarios o lluvias de meteoros. La planificación para estos eventos puede tomar meses o años, y las condiciones del clima y la atmósfera son cruciales para el éxito.

En la imagen, aurora boreal en Suecia, Swedish Lights. Fotografía de Thomas Ray Russell Jr. (www.astrobin.com/users/tomtom2245).

Evolución tecnológica

Desde cámaras fotográficas de placas de vidrio hasta sensores digitales CCD y CMOS, la tecnología ha permitido capturas más precisas y detalladas, con una mayor sensibilidad y resolución.

Las cámaras astronómicas más grandes del mundo

¿Te gustaría saber cuáles son las cámaras para cielo profundo más grandes del mundo, incluidas las montadas en telescopios enviados al espacio?

Las cámaras para astrofotografía de cielo profundo, tanto en telescopios terrestres como en los montados en telescopios espaciales, son herramientas extremadamente avanzadas y especializadas. A continuación, te menciono algunas de las más grandes y potentes del mundo, incluidas las montadas en telescopios espaciales.

Impresionante imagen del cometa Leonard, de Carlos Sagan (www.astrobin.com/users/CarlosSagan)

Cámaras para cielo profundo en telescopios terrestres

Hyper Suprime-Cam (HSC) - Subaru Telescope

Ubicación: observatorio Mauna Kea, Hawái, EE. UU.

Tamaño: la HSC es una de las cámaras más grandes del mundo, con un diámetro de 1,5 metros y un campo de visión de 1,77 grados cuadrados.

Resolución: cuenta con 870 megapíxeles y puede capturar imágenes con una increíble precisión y detalle.

Características: está diseñada para realizar estudios del cielo profundo y amplios con alta resolución, siendo capaz de detectar objetos muy débiles y distantes en el universo.

Telescopio Subaru, en la cima del Mauna Kea, cuya sombra matutina se proyecta tras él.
Foto de Sebastian Egner/NAOJ (https://subarutelescope.org/)

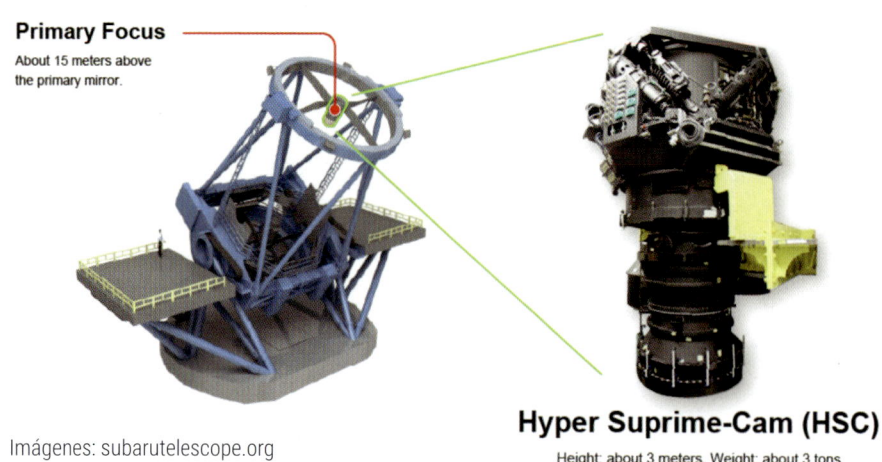

Primary Focus
About 15 meters above the primary mirror.

Hyper Suprime-Cam (HSC)
Height: about 3 meters, Weight: about 3 tons

Imágenes: subarutelescope.org

OmegaCAM - VLT Survey Telescope (VST)

Ubicación: observatorio Paranal, Chile.
Tamaño: tiene una apertura de 2,6 metros y su cámara cuenta con 32 CCDs, que en conjunto alcanzan los 268 megapíxeles.
Resolución: esta cámara puede tomar imágenes de 1 grado cuadrado del cielo con gran detalle, siendo ideal para cartografiar grandes áreas del cielo.
Características: OmegaCAM está optimizada para capturar luz visible y es utilizada para realizar estudios de estructuras a gran escala del universo, como cúmulos de galaxias.

Arriba, panorámica del Very Large Telescope (VLT) de la ESO en el Cerro Paranal. Foto de Babak Tafreshi (eso.org)

Dark Energy Camera (DECam) - Víctor M. Blanco Telescope

Ubicación: observatorio Cerro Tololo, Chile.
Tamaño: DECam tiene una capacidad de 570 megapíxeles.
Resolución: está diseñada para capturar imágenes con gran precisión en un área de 2,2 grados cuadrados del cielo.
Características: se utiliza principalmente para estudiar la energía oscura y para realizar estudios de grandes áreas del cielo con alta sensibilidad.

Abajo, telescopio Blanco con la cámara DECam instalada. Foto de Reidar Hahn, Fermilab (darkenergysurvey.org)

Large Synoptic Survey Telescope Camera (LSST Camera)

Ubicación: en construcción en el Observatorio Vera C. Rubin, Chile.
Tamaño: será la cámara digital más grande del mundo cuando esté terminada, con 3,2 gigapíxeles (3200 megapíxeles).
Resolución: podrá capturar imágenes de un campo de visión de 9,6 grados cuadrados.
Características: diseñada para realizar un estudio completo del cielo nocturno cada pocas noches, capturando imágenes detalladas de la totalidad del cielo visible desde su ubicación.

Diseño de la cámara del LSST, fuente lsst.org/gallery/camera

Cámaras para cielo profundo en telescopios espaciales

Wide Field Camera 3 (WFC3)
Telescopio espacial Hubble

Ubicación: órbita terrestre baja.
Tamaño: aunque no es la más grande en términos de tamaño físico, es una de las cámaras más avanzadas con 16 megapíxeles.
Resolución: capaz de capturar imágenes de alta resolución en luz ultravioleta, visible e infrarroja.

Características: la WFC3 ha sido fundamental para capturar imágenes detalladas del espacio profundo, incluyendo las icónicas fotos del campo ultraprofundo del Hubble, mostrando algunas de las galaxias más distantes jamás vistas.

Telescopio Hubble. Fuente: NASA's Goddardr Space Flight Center

Near Infrared Camera (NIRCam)
Telescopio Espacial James Webb

Ubicación: órbita en el punto de Lagrange L2.
Tamaño: tiene un campo de visión amplio y múltiples detectores de infrarrojo cercano, cada uno de 4 megapíxeles, con un total de 40 megapíxeles efectivos.
Resolución: diseñada para observar en el rango de infrarrojo cercano, capturando detalles que no son visibles en luz visible.
Características: la NIRCam está optimizada para detectar luz de las primeras galaxias que se formaron después del *big bang* y para observar regiones de formación estelar y sistemas planetarios.

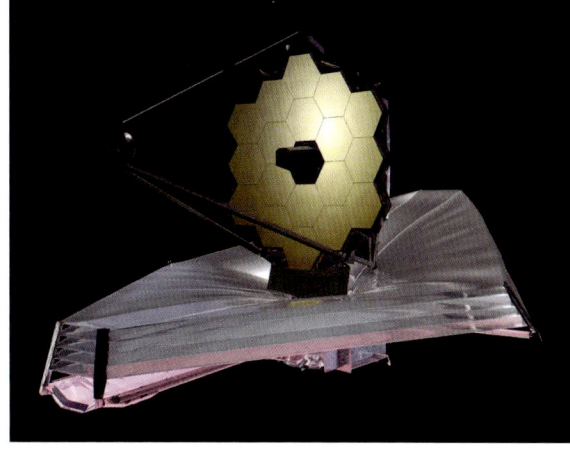

Telescopio James Weeb. Fuente: NASA's Goddardr Space Flight Center

Wide Field Infrared Survey Telescope (WFIRST o Nancy Grace Roman Space Telescope

Ubicación: planificado para orbitar en el punto de Lagrange L2 (todavía en desarrollo).
Tamaño: la cámara principal tendrá un campo de visión 100 veces más grande que el del Hubble.

Resolución: con 300 megapíxeles, será capaz de capturar imágenes extremadamente detalladas de grandes áreas del cielo.
Características: diseñada para estudios de energía oscura, exoplanetas, y para realizar mapas detallados de la estructura a gran escala del universo.

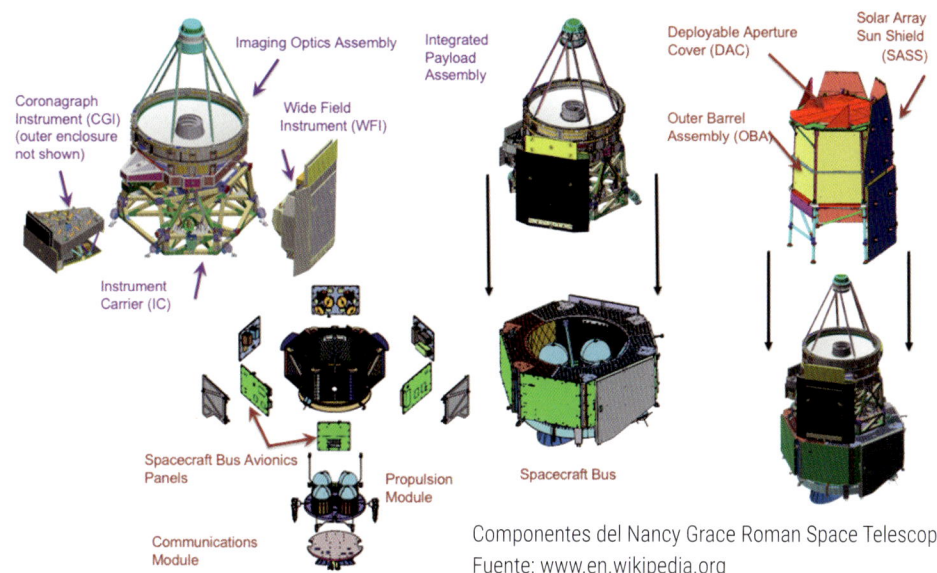

Componentes del Nancy Grace Roman Space Telescope. Fuente: www.en.wikipedia.org

Euclid Space Telescope (ESA)

Ubicación: órbita en el punto de Lagrange L2
Tamaño: cámara VIS (Visible Imaging System) con 600 megapíxeles y una cámara infrarroja NISP (Near Infrared Spectrometer and Photometer) de 64 megapíxeles.

Resolución: Euclid está diseñado para capturar imágenes de alta resolución del universo distante en el espectro visible e infrarrojo cercano.
Características: se centrará en mapear la geometría del universo oscuro, la materia oscura y la energía oscura a través de imágenes profundas y espectroscopia.

Telescopio espacial Euclid, imagen de la ESA en en.wikipedia.org

Resumen

Las cámaras de astrofotografía de cielo profundo, tanto terrestres como espaciales, están diseñadas para capturar imágenes de alta resolución de objetos extremadamente distantes y débiles. Estas cámaras aprovechan avances tecnológicos en detectores de luz y óptica para ofrecer detalles nunca antes vistos, ayudando a desvelar los misterios del universo. Los telescopios espaciales como el Hubble y el James Webb, con sus cámaras especializadas, permiten observar el universo sin la interferencia de la atmósfera terrestre, mientras que las cámaras en telescopios terrestres como la LSST y la DECam capturan imágenes con campos de visión amplios para estudios cosmológicos y astronómicos detallados.

Arriba, NGC 6302, nebulosa Mariposa.
Imagen de ESA/Hubble

Derecha, nueva vista en infrarrojo de la
mítica Cabeza de Caballo, Barnard 33,
en la constelación de Orión. Imagen de
ESA/Hubble

1.3. Diferencias entre astrofotografía planetaria y de cielo profundo

Astrofotografía planetaria

Objetos fotografiados: planetas, la Luna, y ocasionalmente el Sol (con filtros especiales).

Técnica de captura: generalmente se utilizan tiempos de exposición cortos y muchas tomas para capturar los detalles finos de los objetos brillantes.

Desafíos: la turbulencia atmosférica (*seeing*) puede limitar la resolución de los detalles capturados.

Izquierda, impresionante aurora boreal en Júpiter, captada con el telescopio Hubble. Foto ESA/Hubble

Derecha, típica luna captada con cámara réflex acoplada a un refractor de 72 mm. Foto de Félix Juste

Astrofotografía de cielo profundo

Objetos fotografiados: nebulosas, galaxias, cúmulos estelares, y otros objetos débiles y distantes.

Técnica de captura: requiere tiempos de exposición largos para acumular suficiente luz, a menudo utilizando apilamiento de imágenes para mejorar la señal y reducir el ruido.

Desafíos: la contaminación lumínica, el seguimiento preciso del telescopio y el procesamiento de imágenes son claves para obtener buenos resultados.

Derecha, M81 y M82 Galaxia Bode y del Cigarro. Foto de Félix Juste

Abajo, nebulosa de la Burbuja. Foto de Félix Juste

Comparación técnica

Ópticas utilizadas: en la astrofotografía planetaria, se prefieren telescopios de larga distancia focal para obtener una imagen ampliada del objeto. En la astrofotografía de cielo profundo, se utilizan telescopios con aperturas amplias y relaciones focales rápidas (f/5 o menos) para captar más luz.

Foto de Saturno, por Alberto Berdejo

Cámaras: la astrofotografía planetaria a menudo usa cámaras de alta velocidad para capturar vídeo y seleccionar los mejores cuadros. En la de cielo profundo, se usan cámaras CCD o CMOS con alta sensibilidad y refrigeración para reducir el ruido térmico.

Galaxias IC 2163 y NGC 2207 en la constelación de Canis Major. Imagen de ESA/Hubble

1.4. ¿Por qué fotografiar el cielo profundo?

Exploración personal: permite a los astrónomos aficionados explorar el cielo nocturno y descubrir objetos por sí mismos, haciendo el cosmos más accesible.

Documentación científica: aunque muchos aficionados lo hacen por hobby, sus imágenes pueden contribuir a la ciencia, documentando eventos como supernovas o trayectorias de asteroides.

Creatividad y arte: la astrofotografía es una mezcla de ciencia y arte. Los fotógrafos pueden expresar su visión del universo, creando imágenes que no solo son científicamente valiosas, sino también estéticamente impresionantes.

Educación y divulgación: las imágenes de cielo profundo inspiran a otros y ayudan a aumentar la comprensión del universo. Son una herramienta poderosa para la educación y la divulgación científica.

Galaxia del Sombrero. Imagen de ESA/Hubble

1.5. Consideraciones iniciales para principiantes

Expectativas realistas: es importante que los principiantes comprendan que la astrofotografía de cielo profundo puede ser desafiante y que los resultados impresionantes requieren práctica, paciencia y aprendizaje continuo.

Inversión en equipamiento: si bien es posible comenzar con equipo básico, obtener resultados avanzados puede requerir una inversión significativa en equipo de calidad, como monturas ecuatoriales, cámaras especializadas y telescopios adecuados.

Aprendizaje continuo: la astrofotografía es un campo en constante evolución con nuevas técnicas y tecnologías. Mantenerse al día y continuar aprendiendo es crucial para mejorar las habilidades.

Conclusión del capítulo

La astrofotografía de cielo profundo es una disciplina fascinante que combina aspectos técnicos y artísticos. Desde sus inicios hasta las técnicas modernas, ha evolucionado significativamente, permitiendo a los fotógrafos explorar y capturar la belleza del universo.

Próximos pasos

En los siguientes capítulos, profundizaremos en el equipamiento necesario, las técnicas de captura y el procesamiento de imágenes, proporcionando una guía práctica para mejorar tus habilidades en la astrofotografía de cielo profundo.

Remanente de supernova Cygnus Loop (El Velo Oriental y El Velo Occidental), en la constelación de Cygnus. Imagen de ESA/Hubble

Capítulo 2

EQUIPAMIENTO
ESENCIAL

Esta es una de las imágenes más detalladas de la nebulosa del Cangrejo, M1 Crab Nebula. Imagen de ESA/Hubble

2.1. Telescopios

Tipos de telescopios

Refractores: utilizan lentes para enfocar la luz. Son conocidos por sus imágenes nítidas y bajo mantenimiento, pero pueden ser más costosos al aumentar el tamaño de la apertura en comparación con otros tipos.

Ventajas: calidad de imagen, baja aberración cromática en modelos de alta calidad (APOs).

Desventajas: precio, longitud focal más larga en modelos de gran apertura.

Uso recomendado: excelente para objetos de cielo profundo como nebulosas y cúmulos estelares debido a su claridad.

Reflectores: utilizan espejos para enfocar la luz. Son una opción popular para la astrofotografía debido a su relación costo-apertura favorable.

Ventajas: precio más accesible por mayor apertura, no sufren de aberración cromática.

Desventajas: requieren colimación periódica y son más voluminosos.

Uso recomendado: adecuados para todos los tipos de objetos de cielo profundo, especialmente nebulosas y galaxias.

Catadióptricos (Schmidt-Cassegrain, Maksutov-Cassegrain): combinan lentes y espejos, ofreciendo una solución compacta con una larga distancia focal.

Ventajas: diseño compacto, versatilidad.

Desventajas: generalmente tienen relaciones focales más altas (f/10 o mayores), lo que puede ser una limitación para capturar objetos débiles.

Uso recomendado: útiles para objetos pequeños y detallados, como planetas y pequeñas galaxias, pero menos ideales para grandes nebulosas.

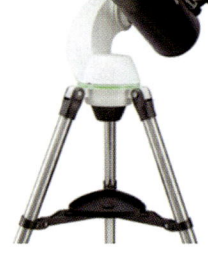

**Nebulosa Pelícano
IC5076. Foto de
Félix Juste**

**Galaxia del Remolino
M51. Foto de Félix Juste**

Resumen y Usos Recomendados

Tipo	Ventajas	Desventajas	Uso Recomendado
Refractores	Imágenes nítidas y bajo mantenimiento	Costosos para grandes aperturas	Nebulosas, galaxias y cúmulos estelares
Reflectores	Relación costo-apertura favorable	Requieren colimación y son más voluminosos	Nebulosas y galaxias
Catadióptricos	Compactos y versátiles	Relación focal alta, son menos ideales para objetos débiles	Planetas y pequeños objetos de cielo profundo

2.2. Monturas

Tipos de monturas

Ecuatoriales: diseñadas para seguir el movimiento del cielo (seguimiento sidéreo) alineándose con el eje de rotación de la Tierra.

Subtipos: Monturas ecuatoriales alemanas, monturas de horquilla.

Ventajas: Seguimiento preciso, ideal para largas exposiciones.

Desventajas: Requiere alineación polar precisa, más complejas de configurar y usar.

Altazimutales: mueven el telescopio en altitud y azimut. Son más simples y fáciles de usar pero no son ideales para astrofotografía de larga exposición debido a la rotación de campo.

Ventajas: facilidad de uso, buena para observación visual.

Desventajas: no ideal para astrofotografía de cielo profundo, a menos que se use con un campo giratorio.

Algunos tipos de montura

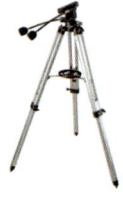

Altacimutal   Dobson   Ecuatorial   Ecuatorial computarizada

Importancia de la capacidad de carga: la montura debe ser capaz de soportar el peso del telescopio y cualquier equipo adicional (cámaras, autoguiadores, etc.). Se recomienda que la capacidad de carga de la montura sea al menos el doble del peso total del equipo. Si la capacidad de carga no es suficiente, puede provocar vibraciones y errores de seguimiento, afectando la calidad de las imágenes.

Alineación polar: es crucial para el seguimiento preciso de los objetos celestes. Existen herramientas y técnicas como el buscador polar, *software* de alineación y cámaras de alineación polar para facilitar este proceso.

2.3. Cámaras

DSLR (Digital Single-Lens Reflex): común entre principiantes y aficionados avanzados. Las cámaras DSLR permiten largas exposiciones y son relativamente fáciles de usar y configurar.

Ventajas: versatilidad, facilidad de uso, gran variedad de lentes.

Desventajas: ruido térmico en exposiciones largas, especialmente en modelos antiguos no modificados.

Uso recomendado: adecuadas para principiantes y para quienes ya tiene una DSLR. Útiles para tomas amplias del cielo y fotografía de campo amplio.

Cámaras CCD y CMOS: especializadas para astrofotografía, ofrecen mayor sensibilidad y menos ruido. Las cámaras CCD han sido tradicionalmente preferidas por su calidad, aunque las cámaras CMOS modernas han cerrado la brecha significativamente.

Ventajas: alta sensibilidad, refrigeración incorporada para reducir el ruido térmico.

Desventajas: mayor costo, mayor complejidad en la configuración y operación.

Uso recomendado: para aficionados serios y profesionales. Excelentes para capturar detalles finos en objetos de cielo profundo.

2.4. Accesorios y periféricos

Los periféricos y accesorios son componentes esenciales que complementan un telescopio, mejorando su funcionalidad, adaptabilidad y desempeño según las necesidades de cada observador o astrofotógrafo. Estos incluyen:

Filtros: son herramientas fundamentales en astrofotografía para optimizar la captura de imágenes, especialmente en cielos con contaminación lumínica. Permiten destacar detalles específicos de objetos celestes al bloquear longitudes de onda no deseadas y realzar características clave. Entre los más comunes se encuentran:

- • Filtros UHC (Ultra High Contrast): Ideales para nebulosas de emisión.
- • Filtros CLS (City Light Suppression): Reducen la contaminación lumínica.
- • Filtros de banda estrecha (H-alpha, OIII, SII): Destacan detalles específicos de nebulosas.

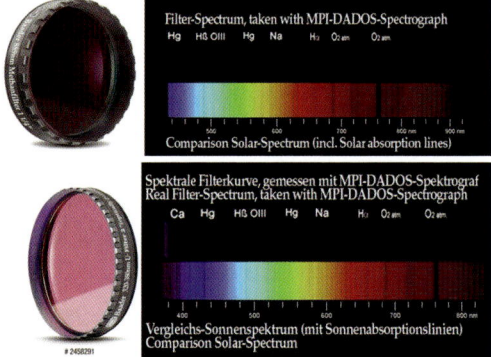

Para más información sobre tipos y aplicaciones prácticas, consulta el Capítulo 4: Uso de filtros.

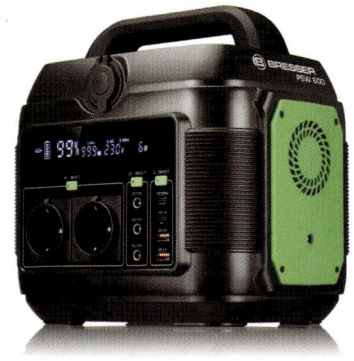

Fuente de alimentación: proporciona energía constante y portátil para el funcionamiento del telescopio y accesorios electrónicos como monturas motoriza-

De arriba a abajo, filtros fotográficos, su espectro de luz y unidad de alimentación

das, cámaras y calentadores. Usualmente se trata de baterías externas (power tanks) o fuentes de corriente continua compatibles con el equipo.

Unidad de control y procesamiento: programas como PHD2 para autoguiado, PixInsight, Photoshop y otros para procesamiento de imágenes. También *software* para captura y control de cámaras, como NINA, APT, y Asiair.

Autoguiadores: dispositivos que monitorizan y corrigen las desviaciones en el seguimiento de la montura, cruciales para exposiciones largas. Se componen de:

- Cámaras de autoguiado: cámaras específicas que se utilizan con *software* para ajustar la posición de la montura en tiempo real.
- Telescopios de guía: pequeños telescopios que se usan en conjunto con la cámara de autoguiado.

Máscaras de enfoque: herramientas como la máscara de Bahtinov, que ayudan a lograr un enfoque preciso, de manera rápida y sencilla, mediante patrones de difracción que indican el punto óptimo.

Enfocadores: mecanismos que permiten ajustar con precisión la posición del plano focal para obtener imágenes nítidas. Los enfocadores motorizados son populares en astrofotografía, ya que garantizan ajustes precisos y repetibles, incluso de forma remota.

Cajón porta filtros: accesorio de gran utilidad, que facilita el cambio de filtros sin afectar a la configuración inicial del equipo.

De arriba a abajo, sistema de control y monitorización de Asiair, tubo guía Lunático con abrazadera y máscara de Bahtinov

Cintas calentadoras (anti-dew heaters): son bandas térmicas colocadas alrededor de los elementos ópticos (objetivo, buscador o correctores) que previenen la formación de rocío al mantenerlos ligeramente calientes. Son esenciales en lugares con alta humedad.

Correctores de coma y aplanadores de campo: utilizados para corregir distorsiones en los bordes del campo de visión, comunes en telescopios reflectores y refractores, respectivamente.

Estos accesorios no solo facilitan el manejo del telescopio, sino que también mejoran la calidad de las observaciones y capturas, permitiendo un mayor disfrute y precisión en la exploración del cielo.

2.5. Cómo elegir tu equipo

Elegir un telescopio puede ser una decisión emocionante, pero también puede ser abrumadora debido a la variedad de opciones disponibles en el mercado. Aquí tienes una guía paso a paso para ayudarte a elegir el telescopio adecuado para tus necesidades y preferencias.

Define tus objetivos y expectativas

¿Qué tipo de objetos celestes te interesa observar? (Luna, planetas, nebulosas, galaxias, etc.).

¿Tienes experiencia previa en astronomía o eres un principiante?

¿Cuál es tu presupuesto?

Comprende los tipos de telescopios

- Refractores: utilizan lentes para enfocar la luz y son conocidos por su calidad de imagen, pero pueden ser caros para aperturas grandes.
- Reflectores: utilizan espejos para recoger y enfocar la luz, ofreciendo aperturas más grandes por un precio menor.
- Catadióptricos (o telescopios compuestos): combinan lentes y espejos para obtener un equilibrio entre calidad y precio.

Considera la apertura

La apertura se refiere al diámetro del objetivo principal (lente o espejo). Una apertura más grande recoge más luz y proporciona imágenes más brillantes y detalladas. Para la observación planetaria y lunar, una apertura de al menos 70 mm (para refractores) u 80 mm (para reflectores) es adecuada. Si estás interesado en objetos de espacio profundo (nebulosas, galaxias), una apertura de 150 mm o más es ideal.

Elige la montura adecuada

- Montura altazimutal y dobson: mueve el telescopio hacia arriba y hacia abajo, así como de lado a lado. Es más fácil para los principiantes.
- Montura ecuatorial: sigue el movimiento de la Tierra y es esencial para la astrofotografía y la observación de objetos que se desplazan por el cielo.

Accesorios incluidos

Asegúrate de que el telescopio venga con accesorios útiles, como oculares de diferentes magnificaciones, un buscador de estrellas, un trípode estable y un montaje sólido.

Portabilidad

Si planeas llevar el telescopio a diferentes lugares, considera la portabilidad. Los telescopios más pequeños y ligeros son más fáciles de transportar.

Marca y modelo

Investiga y compara diferentes marcas y modelos en línea. Lee reseñas de usuarios y consulta con astrónomos aficionados para obtener recomendaciones.

Presupuesto

Establece un presupuesto realista y busca telescopios que se ajusten a él. Evita los modelos extremadamente baratos que prometen mucho, ya que suelen ser de calidad inferior.

Prueba antes de comprar

Si es posible, visita una tienda de astronomía local o participa en eventos de observación astronómica para probar diferentes telescopios antes de tomar una decisión.

Educación continua

Recuerda que la observación astronómica es una habilidad que se desarrolla con la práctica y la paciencia. La elección del telescopio es importante, pero también lo es el tiempo que dediques a aprender a usarlo. En última instancia, el telescopio que elijas debe adaptarse a tus intereses y presupuesto. No hay un telescopio "perfecto", pero con la información adecuada y una cuidadosa consideración, puedes encontrar el que mejor se adapte a tus necesidades y brinde una experiencia gratificante de observación del cielo nocturno. Otro asunto para aclarar es que la observación necesita aprendizaje. No se ven todos los detalles de la primera vez. Además, el ojo se pone más sensible cuanto más tiempo está en la oscuridad: hay que estar al menos media hora, hasta que se alcanza la máxima sensibilidad de los ojos. Otro punto interesante es que el telescopio puede corregir todas las aberraciones de los ojos, salvo el astigmatismo, por lo que es posible usarlo sin anteojos.

La astronomía es una pasión compartida por muchas personas en todo el mundo. Existen diversas comunidades, como AstroBin o Telescopius entre otras, donde tendrás la oportunidad de conectarte con otros astrónomos aficionados, participar en clubes de astronomía y compartir tus experiencias.

Resumen: tener el equipo adecuado es crucial para el éxito en la astrofotografía de cielo profundo. La elección del telescopio, montura, cámara y accesorios, debe basarse en los objetivos específicos, el presupuesto y la experiencia del usuario.

Mi equipo y experiencias

Después de algunos meses viendo tutoriales, consultando a amigos, haciendo comparativas y con el presupuesto prefijado, había llegado a la conclusión de que lo realmente me gustaba era fotografiar esos colores y detalles invisibles que nos brindan las galaxias y sobre todo las nebulosas.

Siendo que no disponía de un lugar fijo de observación, excepto la terraza de mi piso, orientada al oeste, con unos 110° de ángulo, decidí que lo que necesitaba era un telescopio refractor y una montura ecuatorial, con un tubo guía de seguimiento, que fuesen portables para poder hacer las salidas al campo.

Ya disponía de una cámara reflex, así que ya podría comenzar a capturar mis primeras imágenes, con la ayuda de mi PC portátil y el *software* de captura NINA (Nighttime Imaging 'N' Astronomy, https://nighttime-imaging.eu/), uno de los más potentes que existen para astrofotografía asistida por ordenador.

La experiencia no fue muy positiva. La cámara no conectaba con el programa y la configuración del mismo necesitaba de otros *drivers*, tanto de la montura y de la cámara reflex, como de la pequeña cámara de guiado, así como otros protocolos que hacían que todo funcionara.

Así pasaron varias noches de verano, trasteando con el telescopio y el ordenador, sin resultados aceptables. No obstante y con la ayuda del sistema GoTo de la montura, aún pude fotografiar la galaxia de Andrómeda, la del Triángulo y la nebulosa California.

Con los primeros resultados me di cuenta de que mi equipo necesitaba algo más de inversión para mejorar y ver resultados más satisfactorios. La siguiente ampliación del equipo sería una cámara dedicada y un mini ordenador que gestionase todo el equipo desde una tablet o iPad para simplificar al máximo el proceso de puesta en marcha de todo el equipo. Ya de paso, unos filtros multibanda estrecha para contrastar los colores y evitar la contaminación lumínica.

Ahora sí que notaría la diferencia, y de qué manera. El mini ordenador, un Asiair de ZWO, me permitiría ver en la tablet y en tiempo real lo que estaba fotografiando. Imagina mi cara de asombro mientras se iban apilando las imágenes de la nebulosa Roseta y se contrastaban y destacaban los colores con cada exposición.

Y como nunca es bastante (esto es un vicio), luego llegó el enfocador automático, reductor aplanador de campo, batería externa, cintas calentadoras, cajón porta filtros, más filtros, etc.

Ahora paso a detallar mi equipo a fecha de publicación de esta guía:

• Telescopio refractor Sky-Watcher EvoStar 72 ED

• Montura ecuatorial Sky-Watcher Star Adventurer GTi GoTo

• Trípode

• Tubo guía 30F4 - 120

• Cámara principal ZWO Asi 533 MC pro

• Cámara de guiado ZWO Asi 120 MM-S

• Mini ordenador controlador ASI Air mini

• Enfocador automático ZWO EAF estándar

• Corrector reductor 0,85 x

• Cajón porta filtros

• Filtro Optolong UHC

• Filtro Optolong L pro

• Filtro Optolong L-eXtreme

• Rotador de campo manual graduado

• Cintas calefactoras (prevención de humedad en lentes)

Equipo completo para cielo profundo, modesto pero muy eficaz en su categoría

Conclusión del capítulo

Hemos repasado los elementos clave para iniciarse en la astrofotografía de cielo profundo: telescopios, monturas, cámaras y accesorios. La elección del equipo ideal depende de tus objetivos, presupuesto y nivel de experiencia, destacando la importancia de la calidad y compatibilidad de cada componente para garantizar resultados satisfactorios.

Próximos pasos

En el próximo capítulo, aprenderás cómo preparar y configurar tu equipo para una sesión efectiva, incluyendo la alineación polar, el montaje del telescopio y la organización del espacio de trabajo. Estos pasos son esenciales para maximizar el rendimiento del equipo que ahora conoces.

Nebulosa del Corazón capturada con este equipamiento. Foto de Félix Juste

Abajo, Messier 3 (M3), cúmulo globular en la constelación de Canes Venatici. Destaca por contener una de las mayores poblaciones conocidas de blue stragglers, estrellas anómalamente jóvenes y azules que pareces desafiar la evolución estelar. Imagen de ESA/Hubble

Capítulo 3

PREPARACIÓN
Y CONFIGURACIÓN
DEL EQUIPO

IC1395-Nebulosa Trompa de Elefante.
Foto de Félix Juste

Si eres de esos afortunados que tienen un jardín en la casita del pueblo y además no tienes mucha contaminación lumínica alrededor, enhorabuena. Eso es el sueño de todo aficionado a la fotografía del universo. Podrías montar tu propia cúpula o cobertizo para tu equipo. Así solamente tendrías que preocuparte de seguir los siguientes pasos una sola vez y revisar tu equipo de vez en cuando. De no ser así tendrás que pensar en un par de sitios para tus sesiones de astrofotografía.

3.1. Preparación del sitio de observación

Llegar con tiempo al sitio elegido. Siempre que sea posible debes ir con suficiente antelación para elegir el terreno perfecto para colocar tu trípode y comenzar a nivelar y montar todo tu equipo antes de que anochezca. De esta manera, mientras tengas luz natural, tendrás más control sobre todos tus trastos, cables y accesorios

Acceso y seguridad. Considera la accesibilidad del sitio, la seguridad y la disponibilidad de instalaciones básicas si es necesario. En la medida de lo posible, evita ir solo. Sal con algún amigo o apúntate a salidas de observación grupales. De este modo disfrutarás de conversaciones interesantes y podrás aprovecharte de la experiencia de otros o compartir conocimientos.

Observatorio de construcción amateur; derecha, todo a punto en uno de nuestros lugares de encuentro

Contaminación lumínica. Es crucial seleccionar un lugar con baja contaminación lumínica para captar imágenes más claras y detalladas de objetos de cielo profundo. Sitios rurales o parques nacionales de cielo oscuro son ideales. Estaría bien seleccionar dos o tres sitios, al menos a 50 km de grandes núcleos urbanos.

Condiciones del cielo. La transparencia del cielo y el seeing (estabilidad atmosférica) son factores determinantes para la calidad de las imágenes. Herramientas en línea como meteoblue.com y aplicaciones móviles como ClearOutside entre otras, pueden ayudar a predecir estas condiciones.

Condiciones ambientales. No escatimes en ropa de abrigo, gorro, guantes, etc. para esas noches fresquitas.

Configuración del espacio de trabajo

Montaje del equipo. Asegúrate de que el terreno sea estable y nivelado para montar el equipo. Colocar una estera o manta debajo de la montura puede ayudar a evitar daños si caen componentes pequeños.

Organización. Mantén el área organizada, con todos los cables bien gestionados para evitar tropiezos y desconexiones accidentales. Usa luces rojas para conservar la adaptación nocturna y minimizar la interferencia con la observación. Una mesa y una silla plegables para tu espacio de trabajo te vendrá muy bien para apoyar tu tablet, PC, prismáticos o cualquier elemento.

Compañeros de la Agrupación Astronómica Aragonesa (AAA) poniendo a punto los equipos. Fotografías de Ramón Salvador

3.2. Configuración del telescopio y accesorios

Montaje del telescopio

Colocación del trípode y su montura. Tiende el trípode en un lugar plano y firme. Oriéntalo al norte o sur dependiendo de tu ubicación. Nivela lo mejor posible y coloca la montura.

Colocación del tubo en la montura. Asegúrate de que el telescopio esté bien balanceado en la montura para evitar sobrecargar los motores de seguimiento. Balancea tanto en declinación como en ascensión recta.

Fijación de accesorios. Monta firmemente todos los accesorios, incluidos los buscadores, autoguiadores, y cámaras, para minimizar el movimiento y la vibración.

Colimación. En telescopios reflectores, verifica el colimado regularmente. Un telescopio bien colimado asegura que los espejos estén alineados correctamente, lo cual es crucial para obtener imágenes nítidas.

Aclimatación. También es importante dejar pasar un tiempo, principalmente los reflectores, para que se aclimaten a la temperatura ambiente.

3.3. Alineación Polar

Importancia de la alineación polar. Una alineación polar precisa es fundamental para el seguimiento exacto de los objetos celestes, reduciendo errores en la captura de imágenes de larga exposición.

Procedimiento básico. Usar un buscador polar. La mayoría de las monturas ecuatoriales vienen con un buscador polar. Ajusta el buscador para que apunte al polo celeste, utilizando estrellas de referencia como Polaris (para el hemisferio norte) o Sigma Octantis (para el hemisferio sur).

Software **y aplicaciones de asistencia.** Herramientas como Sharpcap, Asiair o aplicaciones móviles pueden facilitar la alineación polar proporcionando una vista en tiempo real o instrucciones paso a paso.

Interface para alineación a la polar a través del introscopio de la montura

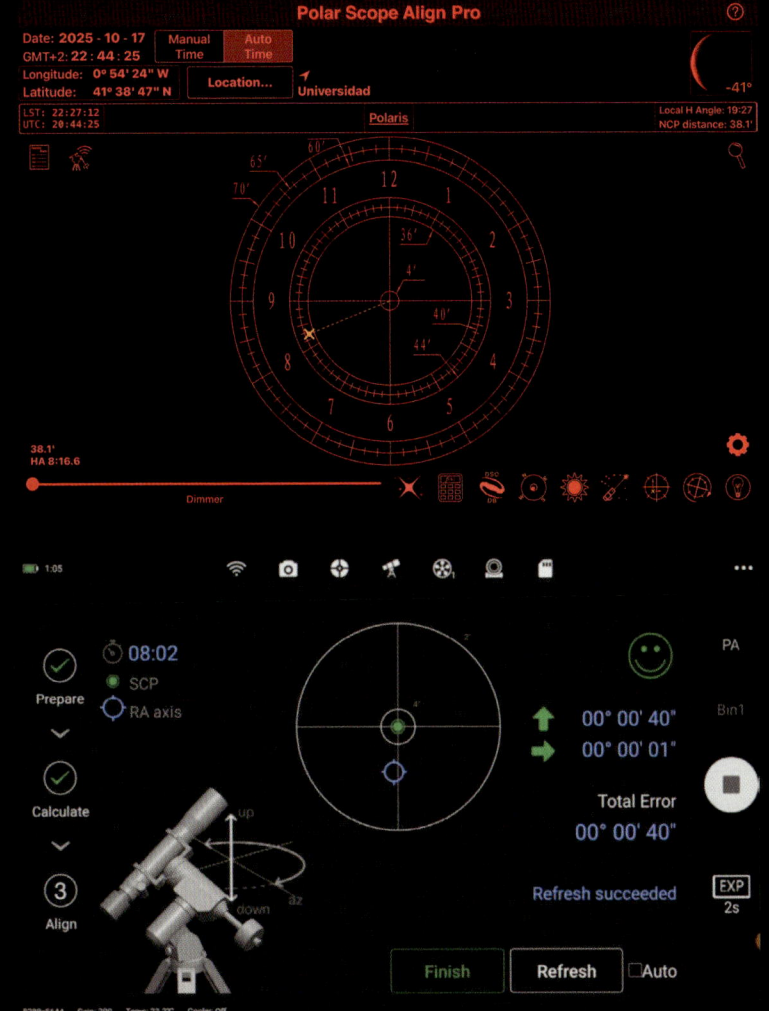

Interface del asistente de alineación a la polar

Métodos Avanzados. Métodos como el drift alignment o alineación por deriva, pueden ser utilizados para ajustes más finos. Es un método tradicional utilizado para ajustar con precisión la alineación polar de una montura ecuatorial. Consiste en observar la deriva aparente de una estrella en declinación (norte-sur) mientras la montura realiza el seguimiento, y corregir los errores moviendo los ajustes de altitud y azimut del eje polar hasta minimizar dicha deriva. Es ideal para mejorar la alineación cuando no se dispone de herramientas electrónicas o *software* especializados.

3.4. Configuración de la cámara y captura de imágenes

Configurar correctamente la cámara es esencial para obtener imágenes de calidad en astrofotografía. Aquí exploramos los ajustes clave y las prácticas recomendadas para maximizar el rendimiento de tu equipo.

3.4.1. AJUSTES INICIALES DE LA CÁMARA

Antes de empezar, asegúrate de que tu cámara esté configurada de acuerdo con las condiciones del cielo y el objeto que deseas capturar.

ISO/Ganancia

En cámaras DSLR. Utiliza un ISO medio-alto (800-1600) para equilibrar sensibilidad y ruido. Un ISO demasiado alto puede generar ruido excesivo, mientras que uno bajo puede limitar la captación de detalles en objetos tenues.

En cámaras dedicadas (CMOS/CCD). Ajusta la ganancia según las especificaciones del fabricante. Una ganancia moderada (100-120) suele ser adecuada para cielos oscuros, mientras que en cielos contaminados puede requerirse un ajuste más alto.

Formato de captura

Cámaras reflex DSLR. Configura el formato RAW para preservar la mayor cantidad de información.

Cámaras dedicadas. Asegúrate de seleccionar un formato compatible con el *software* de posprocesado, como FITS o TIFF.

Tiempo de exposición

Ajusta según el objeto y la contaminación lumínica. Las exposiciones largas (30 segundos a varios minutos) son ideales para capturar más luz, pero requieren una montura motorizada con seguimiento preciso para evitar rastros estelares. Utiliza un *software* de captura para calcular tiempos óptimos (por ejemplo, NINA o Asiair).

3.4.2. ENFOQUE PRECISO

El enfoque es crucial para lograr imágenes nítidas y detalladas. Una imagen ligeramente desenfocada puede arruinar toda una sesión. La temperatura puede afectar el enfoque durante la noche. Ajusta regularmente el enfoque para mantener nitidez, especialmente si usas ópticas con gran relación focal.

Máscaras de enfoque

Utiliza una máscara de Bahtinov para obtener un patrón claro y ajustar el enfoque en una estrella brillante. Asegúrate de realizar el enfoque con el tren óptico configurado como estará durante la captura (incluyendo filtros y correctores).

Software de enfoque automático

Si dispones de un enfocador automático, calibra el sistema antes de comenzar y utiliza herramientas como Asiair o NINA para ajustar el enfoque en tiempo real.

Revisión constante

Verifica el enfoque durante la sesión, especialmente si la temperatura ambiente cambia, ya que esto puede afectar la posición del enfoque.

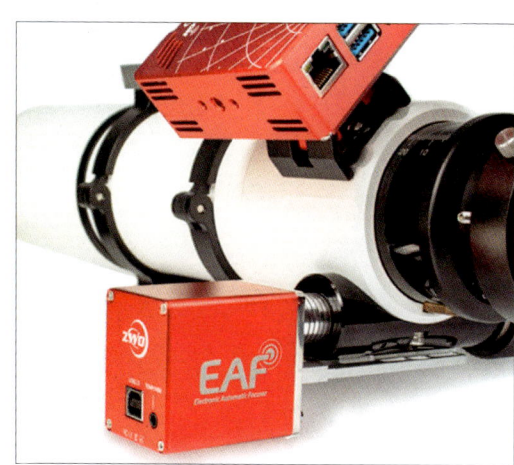

Telescopio equipado con módulo Asiair y enfocador eléctrico ZWO

3.4.3. CAPTURA DE IMÁGENES DE CALIBRACIÓN

Las tomas de calibración son fundamentales para eliminar defectos ópticos, ruidos del sensor y viñeteos. Incluye estas capturas al comienzo o final de la sesión.

Darks: corrigen el ruido térmico y los píxeles calientes. Tómalos con la misma configuración de ISO/ganancia, tiempo de exposición y temperatura que las tomas principales.

Flats: corrigen viñeteos y sombras causadas por partículas de polvo. Usa una fuente de luz uniforme y ajusta el histograma entre 1/3 y 2/3 del rango.

Bias: corrigen el ruido de lectura del sensor. Usa el tiempo de exposición más corto posible con la misma configuración de ISO/ganancia.

Dark Flats: corrigen el ruido térmico en los *Flats*. Usa el mismo tiempo de exposición e ISO que los *Flats*.

Consulta el **Capítulo 4** para una explicación detallada sobre cómo capturar y procesar estas imágenes.

M16, nebulosa del Águila y cúmulo estelar abierto NGC 6611. Foto de Félix Juste

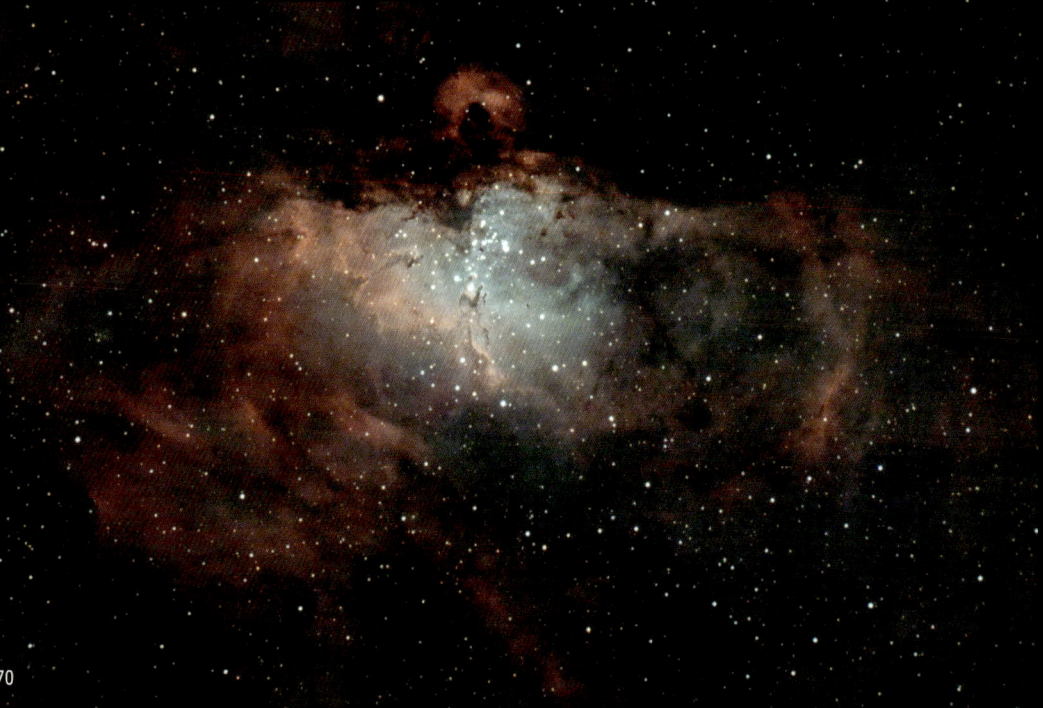

3.4.4. AUTOGUIADO Y SEGUIMIENTO

Un sistema de autoguiado se utiliza para corregir errores de seguimiento en la montura del telescopio, logrando exposiciones prolongadas con estrellas puntuales. A continuación, se describen los pasos básicos para configurar y operar un *software* de autoguiado.

Pasos básicos para usar un *software* de autoguiado

1. Conexión del equipo. Conecta la cámara guía al telescopio (guía o fuera de eje) y al ordenador. Asegúrate de que la montura esté conectada al *software* (ASCOM, INDI o ST4). Inicia el *software* de autoguiado (como PHD2 o Asiair).

2. Configuración. Selecciona la cámara guía y la montura en el *software* para permitir el envío de correcciones.

3. Calibración. Escoge una estrella guía adecuada y calibra el sistema cerca del ecuador celeste para obtener mejores resultados. El *software* medirá y ajustará la respuesta de la montura.

4. Iniciar guiado automático. Activa el guiado para que el *software* corrija el seguimiento en tiempo real.

5. Supervisión y ajustes. Revisa la gráfica de error. Si es alta, ajusta el equilibrio del telescopio, la polarización o parámetros como ganancia y duración de pulsos.

6. Guardar configuraciones. Guarda la configuración para futuras sesiones y reduce el tiempo de preparación.

Consejo: usa exposiciones de 1-3 segundos para evitar turbulencia atmosférica y alinea bien la montura al polo celeste; esto garantiza un seguimiento preciso y eficaz para largas exposiciones.

Interface del sistema de guiado de Asiair

3.5. Gestión de energía y datos

Fuentes de energía

Baterías y alimentación: asegúrate de que todas las baterías estén completamente cargadas antes de la sesión. Considera el uso de fuentes de alimentación externas o baterías portátiles para equipos que requieran más energía.

Almacenamiento de datos

Espacio suficiente: verifica que tengas suficiente espacio en tus tarjetas de memoria o discos duros para almacenar todas las imágenes capturadas.

Organización clara: ten en cuenta la gran cantidad de tomas que vamos a generar en cada sesión, los *lights* (tomas de luz) más todas las tomas de calibración. Deberemos ser cuidadosos a la hora de organizar nuestras carpetas para tener acceso a ellas en cualquier momento.

Copia de seguridad: es recomendable realizar copias de seguridad de tus datos durante o inmediatamente después de la sesión para evitar la pérdida de datos.

Resumen práctico: pasos clave en la configuración del equipo

1. Selecciona el sitio de observación: busca un lugar con baja contaminación lumínica, cielos despejados y accesibilidad segura. Considera herramientas como ClearOutside para verificar las condiciones meteorológicas.

2. Montaje del equipo: asegúrate de que el trípode esté nivelado y firme. Monta el telescopio, equilibrándolo adecuadamente en ambos ejes (ascensión recta y declinación).

3. Alineación polar: usa un buscador polar o herramientas como Asiair o Sharpcap para alinear la montura con el Polo Celeste. Si es necesario, realiza ajustes finos con el método de deriva.

4. Configuración de la cámara: ajusta parámetros clave como el ISO/ganancia y el tiempo de exposición según el objeto a capturar y las condiciones del cielo. Usa máscaras de enfoque (e. g., Bahtinov) para obtener nitidez óptima.

5. Captura de imágenes de calibración: prepara tus *Darks*, *Flats* y *Bias* para eliminar defectos ópticos y mejorar la calidad de las imágenes finales.

6. Gestión de energía y datos: asegúrate de que todo el equipo esté correctamente alimentado con baterías cargadas o fuentes externas. Organiza las tomas y realiza copias de seguridad al final de la sesión.

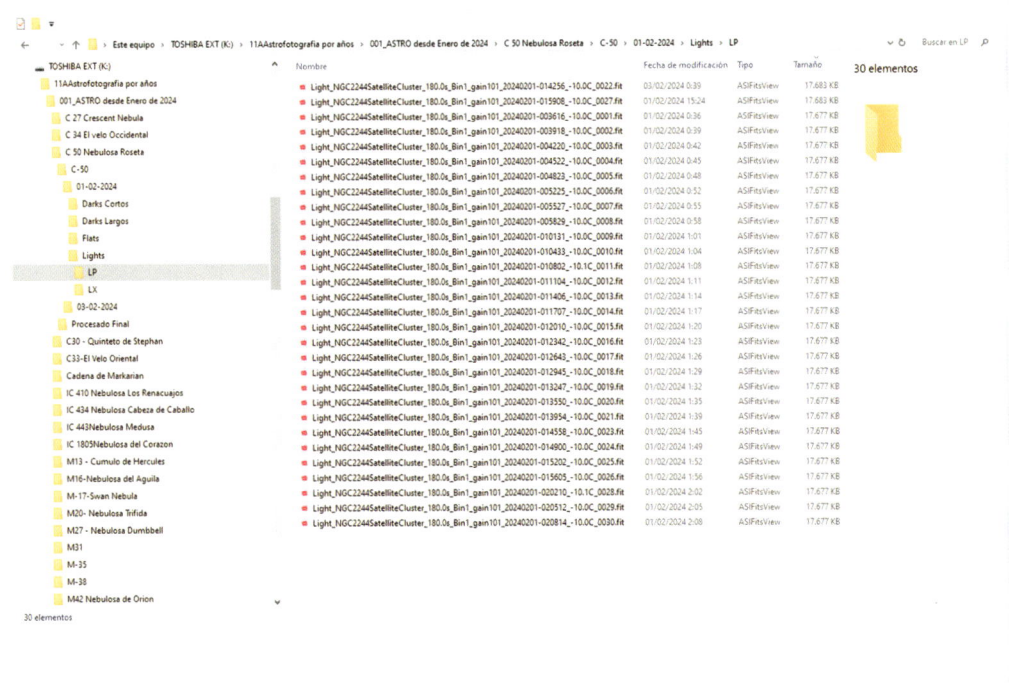

Ejemplo de organización de carpetas, por años, objeto, fecha, tomas de calibración y *lights*

Conclusión del capítulo

Una preparación adecuada y una configuración precisa son fundamentales para el éxito en la astrofotografía. Desde elegir el lugar correcto y organizar tu espacio de trabajo, hasta alinear la montura y ajustar la cámara, cada paso es clave para capturar imágenes de calidad y evitar contratiempos durante tus sesiones.

Próximos pasos

En este capítulo, exploraremos técnicas avanzadas de captura que optimizan tus imágenes, como estrategias de exposición, calibración y manejo de desafíos comunes. Esto te permitirá llevar tus resultados al siguiente nivel.

• Planificación y selección del lugar de observación

• Configuración de cámara y captura de imágenes

• Equilibrado y montaje del equipo

• Alineación precisa a la polar

• Gestión de energía y datos

NGC 604, un gigantesco
vivero estelar en la galaxia
M33. Imagen de ESA/
Hubble

Abajo, M 101,
galaxia del Molinillo.
Foto de Félix Juste

Capítulo 4

TÉCNICAS AVANZADAS DE CAPTURA Y OPTIMIZACIÓN DE IMÁGENES

Nebulosa del Velo Occidental con filtro Dual
Band Ha y OIII. Fotografía de Félix Juste

4.1. Estrategias de captura

Exposiciones múltiples y acumulación (*stacking*)

Concepto y beneficios. La técnica de *stacking* consiste en combinar múltiples imágenes del mismo objeto para mejorar la relación señal-ruido. Esto es fundamental para resaltar detalles débiles y reducir el ruido aleatorio en las imágenes finales.

Número de exposiciones. Más exposiciones generalmente resultan en una mejor relación señal-ruido. Una buena práctica es capturar al menos 20-30 subexposiciones, aunque más siempre es mejor si las condiciones lo permiten. Es muy habitual una integración de imágenes de 3 a 4 horas, aunque con telescopios profesionales pueden extenderse hasta 20-25 horas o más para obtener el máximo detalle.

Software **de *stacking*.** Programas como DeepSkyStacker, AsiStudio, PixInsight y Astro Pixel Processor son herramientas populares para el apilamiento de imágenes. Estos programas alinean y combinan automáticamente las exposiciones para producir una imagen maestra.

Ejemplos de programas de captura y optimización de imágenes

Técnicas avanzadas: *dithering*

Concepto e importancia del *dithering*. El *dithering* es una técnica utilizada en astrofotografía para mejorar la calidad de las imágenes y captar más detalles. Consiste en mover ligeramente el telescopio o la cámara entre cada exposición durante la captura de datos. Este movimiento intencionado reduce patrones no deseados como el ruido fijo (fixed pattern noise) y los píxeles calientes de la cámara.

El ruido fijo aparece cuando los píxeles del sensor reaccionan de manera constante a la luz, generando patrones que pueden ser difíciles de eliminar durante el procesamiento. Al desplazar la posición de cada imagen, estos patrones quedan "difuminados" en la imagen final al apilarse, lo que mejora la relación señal/ruido y la calidad de los detalles.

Ventajas del *dithering*

Eliminación del ruido fijo: minimiza patrones repetitivos y artefactos producidos por el sensor.

Reducción de píxeles calientes: distribuye sus efectos en diferentes posiciones, facilitando su eliminación en el apilado.

Mejora en el procesamiento: hace más eficaz el algoritmo de apilado, como el rechazo de píxeles defectuosos (sigma clipping).

Cómo configurar el *dithering*

El *dithering* se realiza generalmente a través del *software* de control de captura o guiado, como PHD2, NINA, o Asiair Mini. Aquí tienes una guía práctica:

Requisitos previos:
Guiado activo: el *dithering* se combina con el guiado automático, ya que los desplazamientos deben ser precisos y recuperables.
***Software* compatible:** programas como PHD2 y Asiair permiten configurar el *dithering*.

Configuración en el *software*:

PHD2 (*software* de guiado)

Abrir las opciones de guiado:

- Ve al menú de configuración y selecciona la pestaña «*Dithering*».

Establecer los parámetros:

- Cantidad de desplazamiento: esto controla la magnitud del movimiento (en píxeles). Comienza con un valor entre 2 y 5 píxeles.
- Intervalo entre *dithers*: configura el *dithering* para que ocurra después de cada 2-3 imágenes.
- Modo de guiado: asegúrate de que el guiado se reanude automáticamente después del desplazamiento.

Asiair Mini

Ir a la configuración de guiado:

- Activa la opción «*Dithering*».

Establecer los parámetros:

- Configura la intensidad del *dithering*: Baja, 1-2 píxeles / Media, 3-5 píxeles (recomendada para la mayoría de configuraciones) / Alta, más de 5 píxeles (útil para cámaras con sensores pequeños o problemas graves de ruido fijo).

Cómo funciona durante la captura:

- El *software* moverá ligeramente la montura en RA (ascensión recta) y DEC (declinación) entre las exposiciones, asegurándose de que los desplazamientos sean aleatorios pero pequeños.
- El guiado se pausará temporalmente para realizar el desplazamiento, luego se reanudará para estabilizar la imagen.

Consejos para un *dithering* efectivo:

- Evita *dithering* excesivo: desplazamientos muy grandes pueden causar problemas de encuadre y perder parte del objeto fotografiado.

• Usa tiempos de espera: deja un breve margen para que el guiado se estabilice después del *dithering* (5-10 segundos).

• Ajusta según tu montura: si usas una montura básica o menos precisa, utiliza *dithering*
más suave para evitar problemas de seguimiento.

• Con monturas ecuatoriales avanzadas, puedes permitir desplazamientos más
amplios.

Resultados del *dithering*:

• Imágenes finales más limpias, con menos ruido y artefactos.

• Mayor contraste en objetos tenues, como nebulosas o galaxias.

• Menor esfuerzo en el procesamiento, ya que muchos problemas del sensor estarán
corregidos.

¡Es una técnica esencial para mejorar tu astrofotografía!

Objeto	Tipo	Filtro Recomendado	Tiempo de Exposición (seg)	Ganancia	Número de Tomas	Notas Adicionales	
Andrómeda (M31)	Galaxia	L-Pro	120-180	100-200	50-100	Ideal para cielos con moderada contaminación lumínica. Evitar noches con luna.	
Galaxia del Remolino (M51)	Galaxia	L-Pro	180-240	200	80-120	Usa un corrector de campo para un encuadre perfecto. Mejor en cielos oscuros.	
Nebulosa de Orión (M42)	Nebulosa de Emisión	L-eXtreme	60-120	300	100-200	Apila exposiciones largas y cortas para capturar tanto detalles centrales como nebulosidad.	
Nebulosa del Águila (M16)	Nebulosa de Emisión	L-eXtreme	300	300	40-60	Ideal para resaltar los Pilares de la Creación. Usa un dithering moderado.	
Nebulosa de la Laguna (M8)	Nebulosa de Emisión	L-eXtreme	240	200-300	50-80	Mejor en verano	con seguimiento preciso debido a su tamaño aparente.
Nebulosa Trífida (M20)	Nebulosa de Reflexión y Emisión	L-Pro / UHC	180-240	200-250	70-100	Mezcla filtros L-Pro para el polvo reflejado y UHC para el gas.	
Nebulosa de Iris (NGC 7023)	Nebulosa de Reflexión	L-Pro	180	200-250	80-100	Resalta mejor con cielos oscuros	prioriza enfoque preciso.
Cabeza de Caballo (Barnard 33)	Nebulosa de Reflexión y Oscura	L-eXtreme	300-360	300	60-80	Enfocar en la nebulosa roja de fondo para destacar la silueta.	
Nebulosa Pipa	Nebulosa Oscura	Sin Filtro	180	150	40-60	Necesita cielos extremadamente oscuros para resaltar el polvo.	
Nebulosa Cabeza de Bruja (IC 2118)	Nebulosa de Reflexión	L-Pro	240	200	80-100	Mejor fotografiarla en noches sin luna debido a su bajo brillo.	

Parámetros de captura sugeridos para diferentes objetos

Control de exposición y ajuste de ISO/Ganancia:

• Exposiciones óptimas. Encuentra el balance entre exposiciones largas, que capturan más detalles pero pueden saturar estrellas brillantes y exacerbar el seguimiento y el ruido térmico, y exposiciones cortas, que pueden perder detalles en objetos débiles.

• ISO y ganancia. Para DSLR, una ISO entre 800 y 1600 es común, pero depende del modelo de cámara y las condiciones del cielo. Para cámaras astronómicas, ajusta la ganancia de acuerdo con las especificaciones del fabricante y experimenta para encontrar la configuración óptima.

4.2. Técnicas de calibración

La calibración es un paso esencial en el flujo de trabajo de astrofotografía, ya que permite corregir las imperfecciones inherentes a las cámaras y al equipo utilizado, logrando imágenes más precisas y con mayor calidad. En esta sección se describen las técnicas avanzadas de calibración, los diferentes tipos de marcos de calibración y cómo aplicarlos correctamente.

4.2.1. INTRODUCCIÓN A LA CALIBRACIÓN

La calibración busca eliminar los defectos que introducen el equipo y las condiciones de captura en las imágenes astronómicas. Estos defectos incluyen:

• Ruido térmico: producido por el calentamiento del sensor de la cámara.

• Viñeteo: reducción de brillo en los bordes de la imagen causada por la óptica del telescopio.

• Ruido de lectura: introducido por la electrónica de la cámara.

• Sombras y artefactos: causados por partículas de polvo en la óptica o el sensor.

El proceso de calibración se basa en la captura y aplicación de marcos de calibración, los cuales corrigen estas imperfecciones.

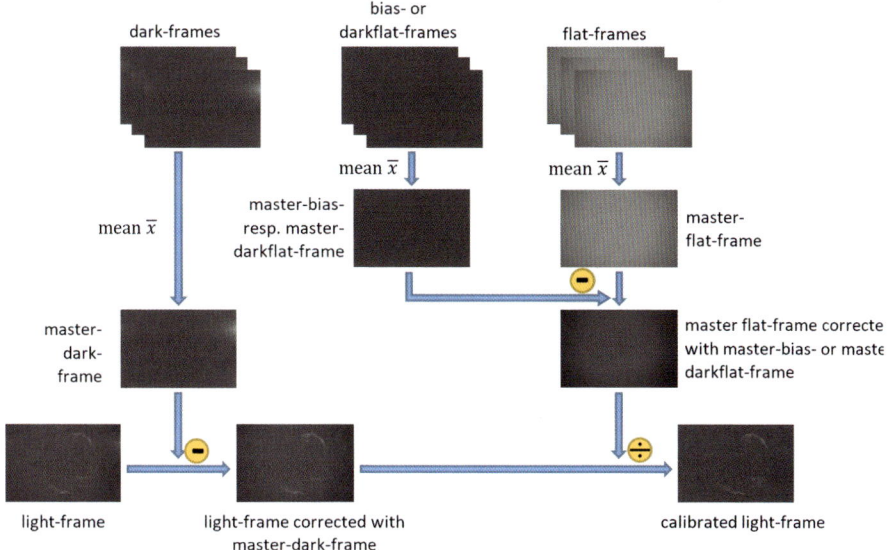

Procesos de calibración. Fuente: astrobasics.de/en/basics/bias-flats-darks-darkflats

4.2.2. TIPOS DE MARCOS DE CALIBRACIÓN

Los marcos de calibración son imágenes de referencia tomadas en condiciones controladas para corregir defectos específicos. Los principales son:

1. *Darks* (marcos oscuros):
- Objetivo: reducir el ruido térmico y de lectura.
- Cómo se capturan: se toma una imagen con la misma configuración (tiempo de exposición, ganancia y temperatura) que las imágenes de luz, pero con la tapa del telescopio puesta para evitar que entre luz.
- Uso: se resta el *Dark* de cada imagen de luz para eliminar el ruido asociado.

2. *Flats* (marcos planos):
- Objetivo: corregir viñeteo y motas de polvo en el tren óptico.
- Cómo se capturan: se toma una imagen iluminando uniformemente el sensor con una pantalla de luz o el cielo al amanecer/atardecer, con el enfoque y orientación sin cambios respecto a las imágenes de luz.
- Uso: los *Flats* se dividen por las imágenes de luz para uniformar la iluminación.

3. *Bias* **(marcos de offset):**

• Objetivo: corregir el ruido de lectura inherente al sensor.

• Cómo se capturan: se toma una imagen con el tiempo de exposición más corto posible (normalmente 1/2000 segundos) y con la tapa puesta.

• Uso: se resta el *Bias* del *Dark* y de los *Flats* para una calibración más precisa.

4. *Dark Flats***:**

• Objetivo: sustituir o complementar los *Bias*, corrigiendo ruido térmico en los *Flats*.

• Cómo se capturan: igual que un *Dark*, pero con los mismos parámetros que los *Flats*.

• Uso: se resta el *Dark Flat* de los *Flats* antes de aplicarlos.

4.2.3. FLUJO DE TRABAJO PARA LA CALIBRACIÓN

1. Organización de los datos:

• Clasifica tus capturas por tipo (luz, *Dark*, *Flat*, *Bias/Dark Flat*).

• Nombra y agrupa los archivos para facilitar el procesamiento.

2. Integración de marcos de calibración:

• Combina múltiples *Darks*, *Flats*, y *Bias* para crear un *master frame* para cada tipo.

• Utiliza un *software* especializado (PixInsight, DeepSkyStacker, etc.) para apilar los marcos de calibración con técnicas como el rechazo de píxeles anómalos (por ejemplo, *sigma clipping*).

3. Aplicación de los *master frames***:**

• Resta el *master Dark* de las imágenes de luz.

• Divide cada imagen calibrada por el *master Flat*.

• Si usas *Bias*, aplícalo antes del *master Flat* y el *Dark*

Nota: ¡no te asustes! Todos estos procesos los lleva a cabo el *software* de apilado automáticamente.

4.2.4. TÉCNICAS AVANZADAS DE CALIBRACIÓN

Optimización de *Darks*: las cámaras refrigeradas nos permiten, desde la comodidad de nuestro hogar, crearnos una librería de *Darks* con diferentes exposiciones, ganancias y temperaturas. Esto es muy útil para minimizar el tiempo de captura del objeto a fotografiar.

Calibración multiespectral: en astrofotografía con filtros multibanda (LRGB), es importante calibrar cada canal por separado, utilizando *Flats* específicos para cada filtro.

Ajuste de *Flats* para trenes ópticos complejos: si utilizas reductores o correctores, asegúrate de que el tren óptico esté perfectamente alineado y estable al capturar los *Flats*. Incluso una ligera variación puede afectar la calibración.

Eliminación de gradientes complejos: en condiciones con contaminación lumínica, es posible que los *Flats* no eliminen por completo los gradientes. En estos casos, técnicas como el uso de Dynamic Background Extraction o Gradient Correction, en PixInsight pueden ser necesarias tras la calibración.

4.2.5. MEJORES PRÁCTICAS PARA LA CALIBRACIÓN

Mantén constante la temperatura de la cámara para garantizar la consistencia entre imágenes de luz y *Darks*.

Realiza pruebas previas para determinar el número óptimo de marcos de calibración:
- *Darks*: al menos 20-30.
- *Flats*: al menos 15-20.
- *Dark Flats/Bias*: al menos 20-30.

Utiliza una pantalla de luz de calidad o cielo uniforme para los *Flats*.

Si el tiempo lo permite, recalibra tu equipo periódicamente para adaptarte a las condiciones cambiantes.

4.2.6. ERRORES COMUNES Y CÓMO EVITARLOS

Flat incorrecto: si el tren óptico cambia entre las luces y los *Flats*, se introducirá más ruido en lugar de eliminarlo. Mantén el equipo sin alteraciones.

Insuficientes marcos de calibración: un número bajo de *Darks* o *Flats* puede introducir ruido estadístico.

Uso de *Darks* genéricos: captura *Darks* específicos para cada sesión si no puedes garantizar parámetros idénticos.

4.3. Captura de detalles finos

Técnica *binning*

La técnica del *binning* es un método de procesamiento en astrofotografía que agrupa (o "binnea") píxeles adyacentes de la cámara en un solo "superpíxel," sumando su información para crear un píxel de mayor tamaño. Esta técnica es particularmente útil en astrofotografía cuando se trabaja en condiciones de baja luminosidad, ya que permite mejorar la relación señal-ruido de una imagen, algo crucial para capturar detalles en objetos tenues y distantes.

¿Cómo funciona el *binning*?

En una cámara de astrofotografía, el *binning* suele hacerse en dos dimensiones,

Con una calibración bien ejecutada, las imágenes astronómicas ganan en calidad y fidelidad, permitiendo resaltar los detalles más sutiles del cielo profundo. Nebulosa de la Medusa, foto de Félix Juste

combinando grupos de píxeles (por ejemplo, 2x2 o 3x3) para que actúen como una unidad única, se incrementa así la cantidad de fotones capturados por cada píxel agrupado, ya que la información de cada uno se suma, lo cual mejora la señal al reducir el ruido:

• *Binning* 2x2: combina bloques de 4 píxeles en uno solo, sumando su información.

• *Binning* 3x3: agrupa bloques de 9 píxeles en un "superpíxel" de mayor tamaño.

Opciones de *binning*	Combinaciones de píxeles en el CCD							
2 x 2 (4 píxels = 1)								
3 x 3 (9 píxels = 1)								
4 x 4 (16 píxels = 1)								

Ventajas del *binning*

• Mayor sensibilidad: al agrupar píxeles, el sensor se vuelve más sensible a la luz. Esto es especialmente útil para captar objetos de bajo brillo, como nebulosas y galaxias tenues, donde es importante acumular la mayor cantidad de señal posible.

• Mejor relación señal-ruido: al combinar píxeles, el *binning* ayuda a reducir el ruido en la imagen final, especialmente en situaciones donde el ruido de lectura de la cámara es significativo.

• Disminución del tiempo de captura: dado que se aumenta la sensibilidad, es posible reducir el tiempo de exposición necesario para obtener una buena imagen. Esto también es útil para minimizar los efectos de movimientos no deseados, como los causados por el seguimiento de la montura.

• Optimización en cielos oscuros y cámaras de resolución alta: con cámaras que tienen resoluciones muy altas, el *binning* permite reducir el tamaño final de la imagen y el almacenamiento necesario, facilitando el procesamiento de datos.

Limitaciones y consideraciones

• Pérdida de resolución: al agrupar píxeles, se reduce la resolución espacial de la imagen, lo que puede resultar en una menor definición en los detalles. Esto es especialmente notorio en *binning* de mayor tamaño, como 3x3 o más.

• Efecto limitado en cámaras de color: en cámaras con matriz Bayer (cámaras de color), el *binning* no tiene el mismo efecto que en cámaras monocromas, ya que las matrices de color distribuyen los píxeles por canal de color (RGB). Por esto, el *binning* es más efectivo en cámaras monocromáticas.

• Procesamiento posterior: si se realiza *binning* en el sensor de la cámara, la imagen final tendrá menos resolución y puede requerir ajustes en el procesamiento para compensar la pérdida de detalles.

En resumen

La técnica de *binning* es muy útil cuando buscas captar imágenes de objetos tenues y deseas optimizar la relación señal-ruido, especialmente con cámaras monocromáticas. Aunque reduce la resolución, el *binning* permite captar más luz en menos tiempo y mejora la calidad de la señal en condiciones de baja luminosidad. Es una herramienta versátil, que puedes ajustar según las necesidades de cada sesión de astrofotografía.

Uso de filtros

En astrofotografía, los filtros son esenciales para capturar detalles invisibles a simple vista, optimizar la calidad de las imágenes y minimizar los efectos de la contaminación lumínica. Aquí exploramos los principales tipos de filtros y sus aplicaciones.

Filtros para cielo profundo

Estos filtros están diseñados para mejorar la captura de objetos como nebulosas, galaxias y cúmulos estelares, eliminando ciertos tipos de luz que interfieren con la observación. Tipos de filtros:

Filtro UHC (Ultra High Contrast)

Uso: mejora el contraste al bloquear las longitudes de onda de la luz de las lámparas de vapor de mercurio y sodio (fuentes comunes de contaminación lumínica) y deja pasar las longitudes de onda que corresponden a las emisiones de nebulosas (principalmente las líneas de hidrógeno beta y oxígeno III).

Aplicación: ideal para observar y fotografiar nebulosas de emisión, como la nebulosa de Orión o la nebulosa de La Laguna.

Filtros CLS (City Light Suppression)

Uso: reducen la contaminación lumínica en entornos urbanos. Aunque no son tan específicos como los UHC, ofrecen una visión general más equilibrada.

Aplicación: se utilizan para captar una mayor variedad de objetos de cielo profundo, pero especialmente nebulosas

Filtro H-Alpha (Hidrógeno Alfa)

Uso: deja pasar solo la luz emitida en la línea espectral de hidrógeno alfa (656.3 nm), que es la longitud de onda en la que las nebulosas de emisión brillan intensamente.

Aplicación: usado en astrofotografía de nebulosas de emisión. Ideal para cámaras modificadas y fotografía en blanco y negro.

Filtros OIII (Oxígeno III)

Uso: estos filtros dejan pasar solo la luz emitida por el oxígeno ionizado dos veces (500.7 nm), que es prominente en las nebulosas planetarias y de supernova.

Aplicación: perfectos para capturar detalles en nebulosas como la nebulosa del Velo y la nebulosa de la Hélice.

Filtros de banda estrecha

Uso: solo permiten pasar luz en bandas muy específicas, como H-alpha, SII (azufre) y OIII. Esto los hace muy efectivos para fotografiar objetos de cielo profundo en áreas con mucha contaminación lumínica.

Aplicación: usados en imágenes en color falso, como el mapeo Hubble Palette, donde se asignan colores específicos a cada longitud de onda.

Filtros de colores para planetaria

Filtros de colores

Uso: mejoran el contraste de los detalles atmosféricos de los planetas. Por ejemplo, los filtros rojos

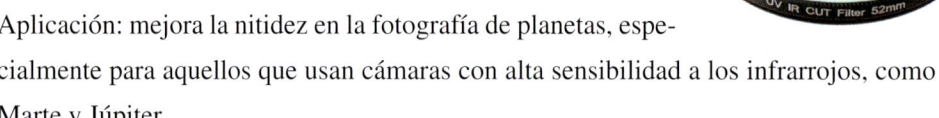

pueden mejorar los detalles en Marte, mientras que los filtros azules son buenos para resaltar las tormentas en Júpiter.

Aplicación: se utilizan en observación visual y en fotografía planetaria para mejorar detalles que de otra manera serían difíciles de ver.

Filtro IR/UV Cut

Uso: bloquea la luz ultravioleta e infrarroja que no es visible para el ojo humano pero que puede afectar la nitidez de las imágenes capturadas con cámaras sensibles a estos rangos de luz.

Aplicación: mejora la nitidez en la fotografía de planetas, especialmente para aquellos que usan cámaras con alta sensibilidad a los infrarrojos, como Marte y Júpiter.

Filtros para solar

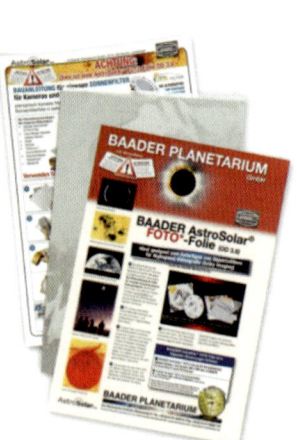

Filtro de luz blanca

Uso: permite observar el Sol de manera segura, mostrando las manchas solares y el disco solar en general.

Aplicación: se utiliza tanto en observación visual como en fotografía solar. Es uno de los filtros más comunes y seguros para captar la actividad solar básica.

Filtro H-Alpha Solar

Uso: similar al filtro H-Alpha de cielo profundo, pero mucho más especializado para capturar las erupciones solares y las protuberancias en la cromosfera del Sol.

Aplicación: utilizado en telescopios solares, muestra detalles finos del Sol, como las prominencias y las estructuras cromosféricas.

Filtros Continuum

Uso: estos filtros resaltan los detalles en la fotosfera del Sol, mejorando la visibilidad de las manchas solares y la granulación.

Aplicación: complementarios a los filtros de luz blanca en la fotografía solar avanzada.

En resumen, los filtros para fotografía de cielo profundo permiten captar detalles de nebulosas y galaxias reduciendo la contaminación lumínica o destacando longitudes de onda específicas, mientras que los filtros para planetaria mejoran el contraste de los detalles atmosféricos. Los filtros solares, en cambio, son esenciales para la observación segura y detallada del Sol.

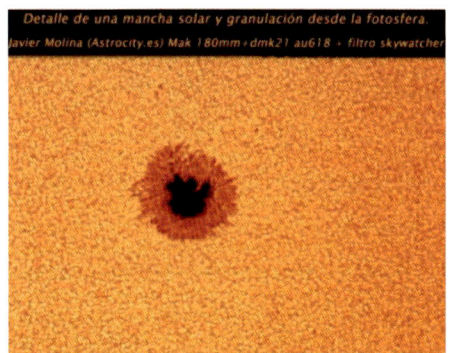

Detalle de una mancha solar y granulación desde la fotosfera. Javier Molina (Astrocity.es) Mak 180mm+dmk21 au618 + filtro skywatcher

Estructuras filamentosas de la nebulosa del Velo, NGC6960. Imagen de ESA/Hubble

Apuntes sobre el color verde

En el firmamento es muy raro ver el color verde, aunque no es completamente imposible. El color de los objetos celestes, como estrellas y nebulosas, depende de la temperatura y la composición de los gases que los componen:

Estrellas. Las estrellas emiten luz en colores que dependen de su temperatura, pero ninguna es verde. Las estrellas más frías son rojizas, mientras que las más calientes son azuladas o blancas. Las estrellas que podrían emitir luz en la longitud de onda del verde (aproximadamente 500-570 nm) tienden a emitir una mezcla de colores que se percibe como blanco, ya que el ojo humano las interpreta como una combinación de azul y rojo.

Nebulosas y gases ionizados. En algunas nebulosas, especialmente aquellas que contienen oxígeno doblemente ionizado (OIII), como la Nebulosa del Velo, pueden aparecer tonos verdosos en las imágenes de larga exposición. Sin embargo, este color es sutil y a menudo se intensifica en el procesamiento de astrofotografía, no es algo que veríamos a simple vista en el cielo.

Aire y auroras. Las auroras boreales y australes son la excepción principal, ya que pueden mostrar un verde intenso debido a la excitación de oxígeno en la atmósfera a altitudes específicas. Este es un fenómeno terrestre y no se ve fuera de la atmósfera.

Así que, en el firmamento profundo, el verde puro no es un color natural, pero ciertos procesos y objetos pueden reflejar tonos que nos parezcan verdosos en fotografías o fenómenos atmosféricos.

Mosaicos

Cuándo usar mosaicos: para objetos extensos que no caben en el campo de visión de una sola exposición.

Técnicas de captura: divide el objeto en secciones y captura cada una con suficiente superposición para facilitar la alineación y el ensamblaje posterior.

Software **de montaje:** usa *software* especializado para alinear y combinar las imágenes en un mosaico sin fisuras. PixInsight y Astro Pixel Processor son las mejores opciones, aunque Microsoft ICE es una opción gratuita y fácil de usar.

Ve al apartado **6.2.** para más detalles.

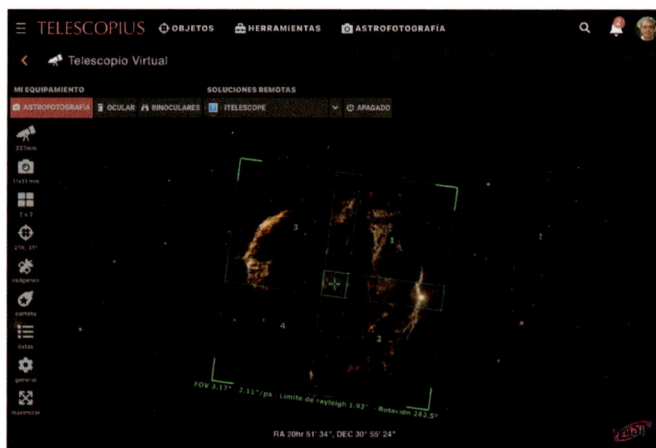

Simulación de mosaicos en telescopius.com

Fotografía de ESA/Hubble

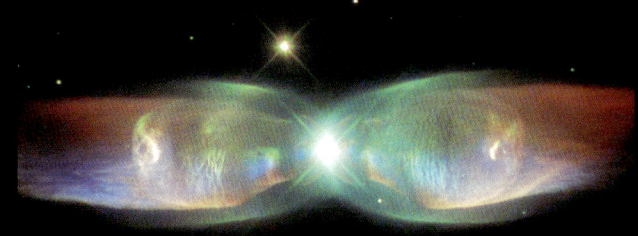

Twin Jet Nebula M2-9 en
la constelación de Ofiuco.
Fotografía de ESA/Hubble

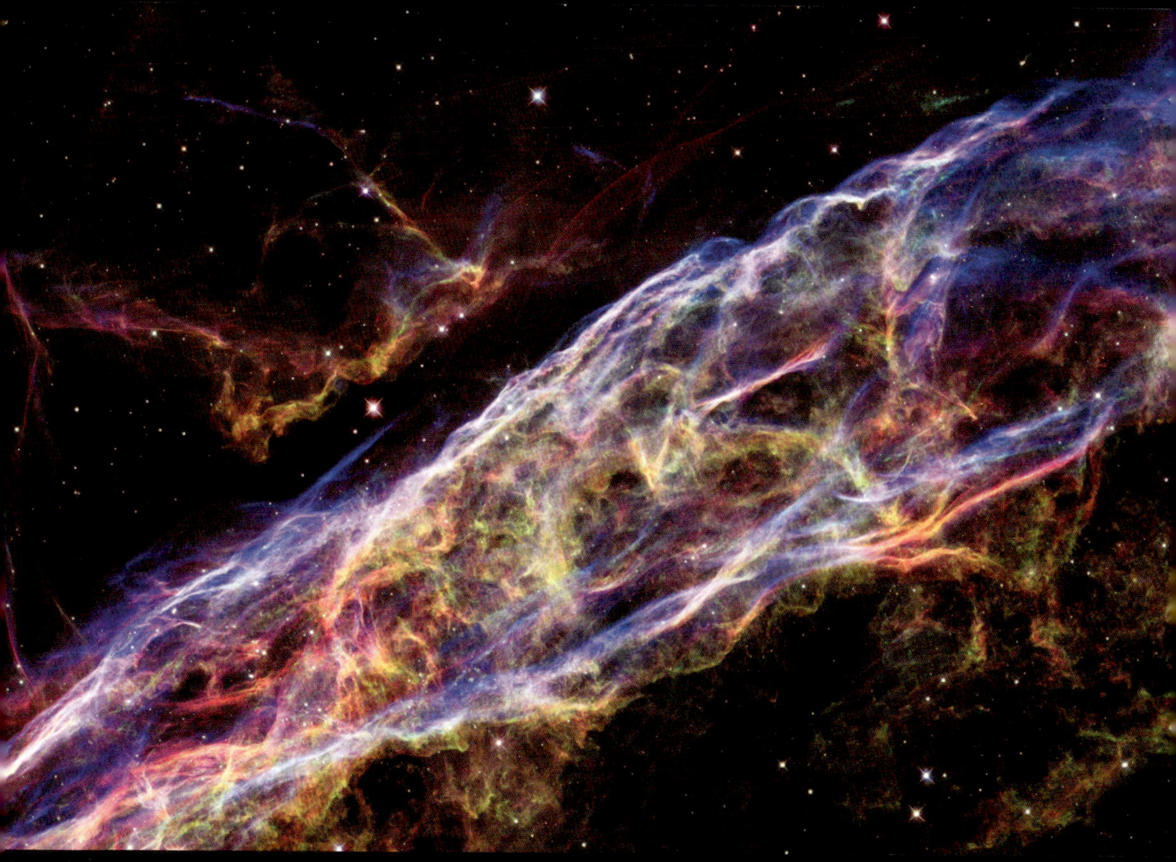

4.4. Minimización de problemas comunes

Efectos del viento y vibraciones

• Medidas preventivas: usa un parasol o pantalla contra el viento, y asegúrate de que todos los componentes del equipo estén firmemente fijados. Evita el uso de trípodes inestables.

• Corrección posterior: usa *software* de apilamiento para identificar y descartar las exposiciones afectadas por vibraciones.

Tienda de observación de montaje rápido

Condensación y rocío

En las noches despejadas y húmedas, es habitual que los telescopios, objetivos o sensores sufran la aparición de rocío: diminutas gotas de agua que se forman por condensación al caer la temperatura del equipo por debajo del punto de

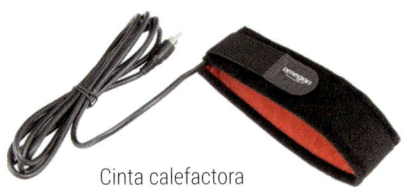
Cinta calefactora

rocío del ambiente. Este fenómeno, aunque natural, puede convertirse en uno de los principales enemigos de una sesión de astrofotografía.

La condensación no solo reduce la transparencia y la calidad de las capturas, sino que también puede provocar desenfoques, halos indeseados o incluso dañar componentes electrónicos si la humedad alcanza partes sensibles del equipo.

Entender por qué se forma el rocío y cómo anticiparse a ello es clave para proteger nuestras sesiones y garantizar capturas limpias y nítidas.

• Prevención: utiliza cintas calefactoras para telescopios y cámaras para prevenir la formación de rocío en lentes y espejos.

• Medidas correctivas: si ocurre condensación, permite que el equipo se aclimate antes de reiniciar la sesión de captura.

Problemas de seguimiento y alineación

• Mejoras en la alineación polar: verifica y ajusta regularmente la alineación polar. Usa herramientas de *software* o métodos de drift alignment para perfeccionar la alineación.

• Correcciones de seguimiento: ajusta los parámetros del autoguiado para mejorar la precisión del seguimiento. Considera el uso de monturas con capacidades de seguimiento avanzadas y PEC (Periodic Error Correction).

Calibración del tubo guía en la aplicación de guiado, pasos:

1. Conexión y configuración inicial

Asegúrate de que la cámara guía esté conectada al *software* y que todos los dispositivos estén correctamente configurados.

En la aplicación de guiado, selecciona la cámara guía y verifica que esté funcionando adecuadamente.

2. Selección de una estrella guía

Apunta el telescopio hacia una región del cielo cercana al ecuador celeste y a una altitud de aproximadamente 30 grados. Esta posición es ideal para una calibración precisa.

En la sección de guiado de la aplicación, inicia la exposición continua (*looping*) para visualizar las estrellas disponibles.

Selecciona manualmente una estrella adecuada para el guiado o utiliza la función de selección automática de estrellas.

3. Configuración de parámetros de calibración

Establece el tiempo de exposición para la cámara guía, generalmente entre 1 y 2 segundos, dependiendo de la sensibilidad de la cámara y las condiciones del cielo.

Ajusta el tamaño del paso de calibración (*Calibration Step*). Este valor determina cuánto se moverá la montura durante cada paso de calibración. Un valor inicial recomendado es de 2000 ms, pero puede variar según la configuración de tu equipo. Por ejemplo, para un tubo guía de 120 mm de focal, un valor entre 8000 y 10000 ms puede ser adecuado.

4. Iniciar la calibración

Con la estrella guía seleccionada y los parámetros configurados, inicia el proceso de calibración.

La montura se moverá en las direcciones de ascensión recta (RA) y declinación (DEC) para determinar cómo responde el sistema a los comandos de guiado.

Durante este proceso, la aplicación mostrará el progreso y, al finalizar, indicará si la calibración fue exitosa.

5. Verificación y ajustes posteriores

Después de una calibración exitosa, observa el gráfico de guiado para asegurarte de que las correcciones se aplican correctamente y que la estrella guía se mantiene estable.

Si notas desviaciones significativas o errores en el guiado, considera ajustar el tamaño del paso de calibración o el tiempo de exposición de la cámara guía y repite el proceso de calibración.

Recuerda que una calibración precisa es esencial para un guiado efectivo y, por ende, para obtener imágenes de alta calidad en astrofotografía.

4.5. Optimizaciones adicionales

Automatización de sesiones

Software **de control de sesiones:** programas como Sequence Generator Pro, NINA y Asiair permiten la automatización completa de la sesión, desde el enfoque hasta la captura de tomas de calibración.

Programación de secuencias: planifica la sesión para capturar objetivos durante su tránsito para minimizar la atmósfera a través de la cual observas, mejorando así la calidad de la imagen.

Gestión de datos y procesamiento posterior

Almacenamiento y copias de seguridad: organiza las imágenes en carpetas por fecha y tipo de imagen (luces, *Darks*, *Flats*, *Bias*) y realiza copias de seguridad regularmente.

Preprocesamiento y posprocesamiento: aplica preprocesamiento para calibrar y apilar las imágenes, seguido de técnicas de posprocesamiento como estiramiento de histogramas, reducción de ruido y mejora de detalles para sacar el máximo provecho de las capturas.

Wait to start NGC6960_1-1   0/30   Estimate Duration:1h 1m 14s   Estimate Size:520.73MB

NGC6960_1-1 ✕	NGC6960_1-2 ✕	NGC6960_2-1 ✕	NGC6960_2-2 ✕
RA: 20h 56m 12s DEC: +31° 14' 43"	RA: 20h 51m 36s DEC: +32° 13' 05"	RA: 20h 51m 40s DEC: +30° 16' 05"	RA: 20h 47m 04s DEC: +31° 13' 50"

Detail SkyAtlas   Detail SkyAtlas   Detail SkyAtlas   Detail SkyAtlas

⬆ Import   ← Move forward   → Move backward   ⬆ Share

Arriba, captura de pantalla del *software* **de gestión de sesiones de Asiair, sesión de un mosaico**

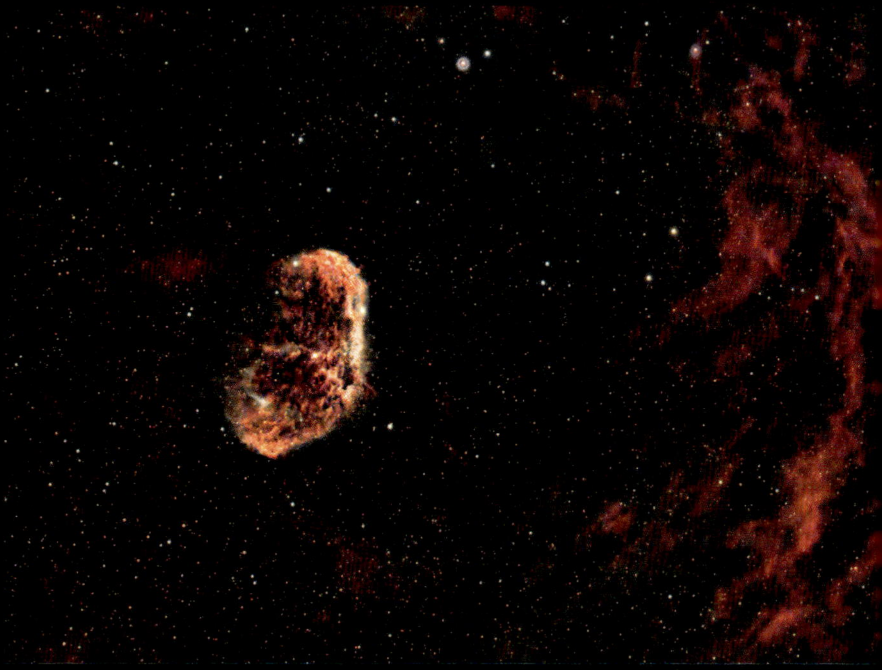

Derecha, C 27 Crescent Nebula. Fotografía de Félix Juste

• Captura de la nebulosa Roseta en dos noches, con cielo Borttle 8 y calidad *seeing* 4:

Refractor Skywatcher evostar 72 ED

Montura ecuatorial Star Adventurer GTi GoTo

Camara Zwo Asi 533 MC pro Filtro Optolong LeXtreme Filtro Optolong LPro

Temperatura sensor: -10°

Exposición total: 50 tomas de 300 segundos

Procesada en PixInsight mediante combinación de banda ancha y banda estrecha para realzar los colores del Hidrógeno Ha y del Oxigeno OIII

Abajo, C 50, nebulosa Roseta, foto de Gregorio Calvo Peña. Página derecha, Antenae Galaxies NGC4038 y NGC 4039. Imagen de ESA/Hubble

Conclusión del capítulo

Este capítulo ha profundizado en técnicas avanzadas como el *stacking*, el *dithering* y la calibración, fundamentales para maximizar la calidad de las imágenes de cielo profundo. Cada estrategia, desde ajustar la exposición hasta implementar métodos de autoguiado, contribuye a reducir el ruido y resaltar los detalles más sutiles del cosmos.

Próximos pasos

En el siguiente capítulo nos adentraremos en el procesamiento de imágenes, transformando tus datos en fotografías impactantes. Aprenderás desde los pasos básicos hasta técnicas avanzadas que darán vida a los detalles capturados durante tus sesiones.

Capítulo 5

PROCESAMIENTO DE IMÁGENES DE CIELO PROFUNDO

R Aquarii es una estrella binaria simbiótica, en la constelación de Acuario, rodeada de una nebulosa de forma extremadamente compleja y espectacular. Imagen de ESA/Hubble

5.1. Introducción al procesamiento de imágenes

Importancia del procesamiento

A diferencia de la fotografía tradicional, las imágenes astronómicas requieren un procesamiento significativo para revelar detalles sutiles y minimizar el ruido. Este proceso mejora la visibilidad de objetos débiles y resalta características específicas, como nebulosas y estructuras galácticas.

Procesado de la nebulosa del Mago NGC 7380 en paleta Hubble. Imagen de Félix Juste

Software de procesamiento

Herramientas como Adobe Photoshop, PixInsight, DeepSkyStacker, y Astro Pixel Processor son populares entre los astrofotógrafos. Cada programa tiene capacidades únicas para el apilado, calibración, y mejora de imágenes. Aquí te hablaré de PixInsight ya que es el que uso en todos mis procesados y el que considero más completo y especializado en astrofotografía.

Preprocesado

Bajo estas líneas te muestro la interface del script de PixInsight, FastBatchPreprocessing. Aquí es donde colocaremos todos nuestros archivos para el apilado y la calibración. Si hemos sido cuidadosos con la organización de nuestros archivos, solamente tendremos que seleccionar la carpeta raíz donde estén nuestras subcarpetas *Light*, *Dark*, *Flats* y *Bias* o *Dark-Flats*.

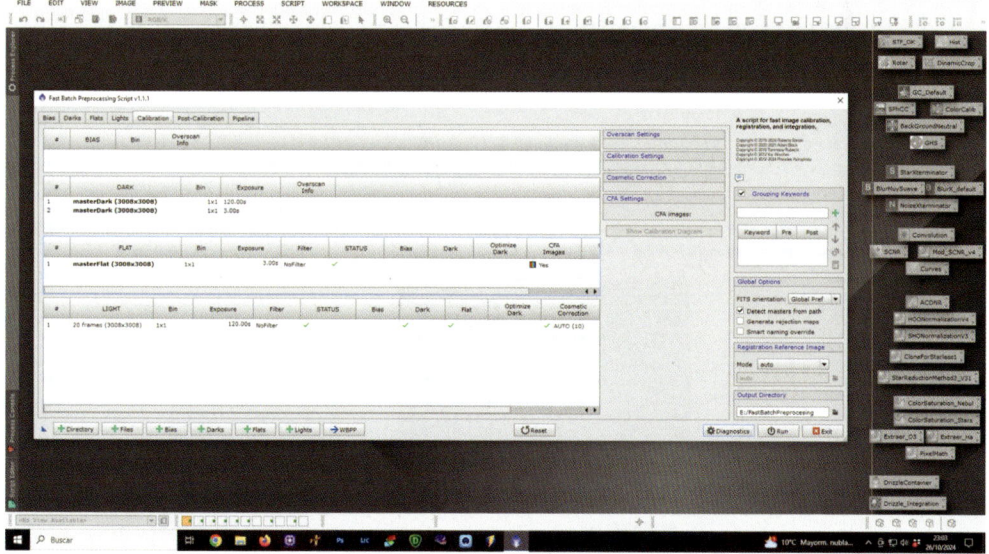

PixInsight, Fast Batch Preprocessing

5.2. Preprocesamiento de imágenes

Calibración

Darks, Flats y Bias: aplica estas imágenes de calibración para corregir el ruido térmico, variaciones de iluminación y ruido de lectura en tus imágenes de luz.

Creación de imágenes maestras: promedia o combina múltiples imágenes de calibración para crear un *master Dark*, *master Flat*, y *master Bias*, que se aplicarán a todas las imágenes de luz.

Alineación y apilado (*Stacking*)

Alineación de imágenes: usa *software* especializado para alinear las imágenes de luz, asegurando que las estrellas y otros objetos se superpongan perfectamente.

Rechazo de ruido: durante el apilado, emplea algoritmos de rechazo de ruido para eliminar artefactos como satélites, aviones, y defectos de píxeles. Generalmente, los programas de apilado ya implementan de manera automática este proceso.

Generación de la imagen maestra: el resultado del apilado es una imagen maestra con una mejor relación señal-ruido, lista para el procesamiento posterior.

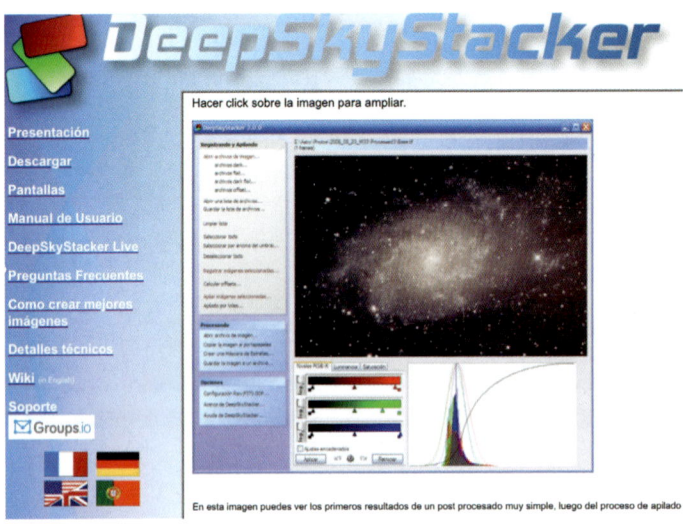

Menú de DeepSkyStacker, *software* gratuito de astrofotografía que automatiza y simplifica el proceso de apilado de imágenes del cielo profundo

En este paso quisiera hacer un inciso para poder explicar una técnica muy poderosa que yo siempre utilizo en mis procesados. Me refiero al *drizzle*.

Drizzle

En astrofotografía, *drizzle* se traduce comúnmente como "llovizna" en un sentido literal, pero en el contexto técnico suele mantenerse como *drizzle* debido a su especificidad. Sin embargo, una traducción aproximada al español podría ser "remuestreo por interpolación" o "integración de subpíxeles", aunque estos términos no capturan completamente el concepto original. En la mayoría de los programas de procesamiento, como PixInsight, se prefiere mantener el término en inglés ya que su significado en este contexto es ampliamente reconocido entre los astrofotógrafos.

El proceso de *drizzle*, o *drizzle integration*, es una técnica de procesamiento en astrofotografía que permite mejorar la resolución y calidad de una imagen, especialmente en capturas de objetos de cielo profundo. Este método fue desarrollado originalmente para procesar imágenes tomadas por el telescopio espacial Hubble, donde es vital aprovechar al máximo la resolución en capturas de objetos lejanos y tenues.

En astrofotografía, el *drizzle* es particularmente útil cuando trabajas con capturas en las que el *undersampling* (submuestreo) es un problema. Esto ocurre cuando los píxeles de la cámara son relativamente grandes en comparación con los detalles de la imagen, lo que limita la resolución. También es útil cuando se trabaja con telescopios o lentes de pequeña apertura o en monturas portátiles que podrían sufrir ligeras variaciones de posicionamiento entre una toma y otra.

Proceso de *drizzle*

1. Captura de múltiples tomas. Primero, se toman múltiples capturas del mismo objeto, lo cual genera varias imágenes similares pero con ligeras diferencias en su alineación (debido a los pequeños desplazamientos y rotaciones de la montura).

2. Submuestreo y desplazamientos. Debido al submuestreo, los detalles de la imagen quedan "distribuidos" en varios píxeles en diferentes fotogramas. *Drizzle* toma ventaja de estos pequeños desplazamientos para reconstruir detalles que un solo fotograma no podría resolver.

3. Reasignación y suma de píxeles. En el procesamiento, *drizzle* "reanima" cada píxel usando la información de píxeles vecinos en diferentes tomas. Imagina que cada imagen aporta "fragmentos" de información que, al combinarse, mejoran el detalle y la resolución final. Se crea una cuadrícula de píxeles más fina que, al completarse, produce una imagen de mayor resolución.

4. Integración. Después de reasignar la información de cada píxel, el *software* (PixInsight, por ejemplo) integra todas las imágenes resultantes en una sola, en la cual se observa una resolución y detalle superiores a los que un solo fotograma podría ofrecer.

Ventajas del proceso de *drizzle*

- Mejora en la resolución. Al procesar cada píxel teniendo en cuenta los detalles de varias imágenes, el *drizzle* puede aumentar la resolución efectiva de la imagen final.
- Detalles más finos y reducción de ruido. Este método permite que los detalles de la imagen sean más nítidos y, al promediar la información de múltiples capturas, ayuda a reducir el ruido aleatorio.
- Flexibilidad con equipos de bajo coste. Para astrofotógrafos que utilizan cámaras con píxeles grandes o telescopios de pequeña apertura, *drizzle* permite obtener imágenes de mayor calidad sin la necesidad de equipos extremadamente costosos.

Limitaciones y precauciones

Aunque el *drizzle* es una técnica poderosa, también es exigente en recursos computacionales y tiempo de procesamiento. Requiere una buena cantidad de imágenes y un alineado preciso. Además, puede incrementar significativamente el tamaño del archivo final debido a la cuadrícula de píxeles más fina, por lo que se recomienda tener suficiente capacidad de almacenamiento y memoria en el equipo. Si estás trabajando con submuestreo en astrofotografía y buscas obtener más detalles en tus imágenes, el *drizzle* puede ser una herramienta valiosa, especialmente con programas avanzados como PixInsight, que lo integran y automatizan en su flujo de trabajo de procesamiento.

A la izquierda imagen sin aplicar *drizzle*. A la derecha, la misma imagen con *drizzle* aplicado. Ambas imágenes están sin procesar, pero en la de la derecha se aprecia mayor nitidez y estrellas menos pixeladas.

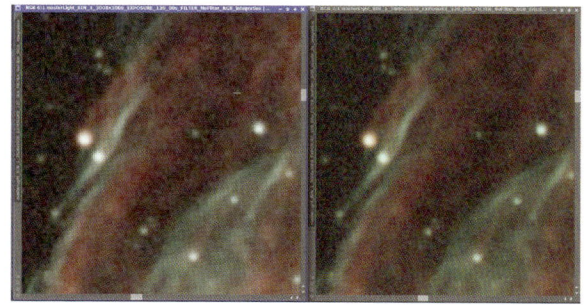

5.3. Procesamiento básico

En la fase lineal del procesado en PixInsight, aprovechando las herramientas modernas que tiene disponibles, el objetivo es realizar los ajustes básicos y la mejora inicial de la imagen sin alterar su linealidad, es decir, sin aplicar un estirado de histogramas que haga visibles los detalles al ojo humano. Aquí te detallo un flujo paso a paso.

5.3.1. CALIBRACIÓN Y APILADO

Como ya vimos, comienza con la calibración y alineación de tus imágenes. Este proceso lo puedes hacer también con DeepSkyStacker para obtener la imagen apilada final.

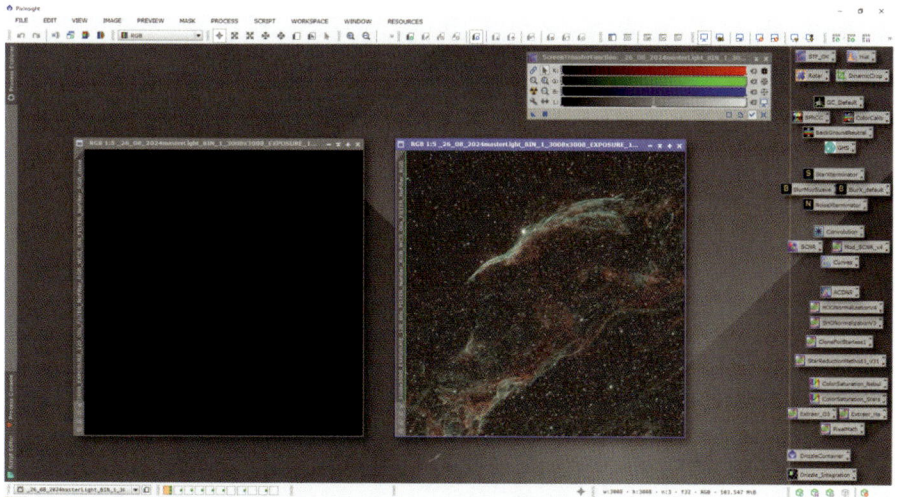

A la izquierda, la imagen en bruto del apilado con toda la información. A la derecha, la misma imagen con el estirado virtual para poder visualizar el potencial que dicha imagen nos está mostrando

Tendrás que aplicar un estirado virtual para poder visualizar la imagen obtenida antes de pasar al siguiente paso. El estirado virtual se hace con la herramienta ScreenTransferFunction (STF).

ScreenTransferFunction (STF). El proceso ScreenTransferFunction en PixInsight se usa para hacer una visualización rápida de la imagen sin modificar sus datos originales. Es una herramienta muy útil para ver detalles en imágenes lineales (sin estirar) de manera inmediata. Normalmente, cuando capturas una imagen de cielo profundo, los datos están en formato lineal, lo que significa que se ven muy oscuros y sin detalles hasta que se aplica un estirado.

Utilidad del STF

STF permite aplicar un estirado de contraste "en pantalla", es decir, solo para la visualización, sin alterar los datos reales de la imagen. Así puedes ver las nebulosas, galaxias o detalles que normalmente están ocultos en la imagen lineal sin necesidad de aplicar un estirado permanente.

Funcionamiento del STF

El proceso de STF calcula un estirado automático basado en la distribución de los niveles de luminosidad de la imagen. Esto se hace ajustando el histograma para realzar las partes más oscuras, de modo que puedas ver el detalle en las áreas de bajo brillo sin perder la información de las áreas más brillantes. Puedes ajustar los parámetros manualmente o dejar que el STF realice un cálculo automático, lo cual suele ser rápido y eficaz para ver el resultado en pantalla.

• Aplicación automática. Para una vista rápida, haces clic en el botón de cálculo automático (ícono de una cadena) en STF, y este calcula los valores óptimos para mostrar el rango completo de la imagen.

• Aplicación manual. También puedes ajustar manualmente los niveles de negro y blanco moviendo los deslizadores, permitiéndote un control más detallado.

• Auto-Link Channels. Cuando trabajas con imágenes en color, el STF enlaza los canales RGB por defecto. Puedes desactivar esta opción si quieres un estirado diferente en cada canal, pero generalmente se recomienda mantenerlos enlazados para una vista más equilibrada.

• Transferir a Histogram Transformation. Una vez que encuentras un estirado visual que te gusta con STF, puedes "transferir" estos ajustes al proceso Histogram Transformation para aplicarlos permanentemente en la imagen.

Este proceso es una herramienta poderosa para evaluar rápidamente tus datos antes de realizar estirados permanentes.

5.3.2. EXTRACCIÓN DEL GRADIENTE

DynamicBackgroundExtraction (DBE). Esta herramienta es ideal para corregir gradientes en la imagen causados por contaminación lumínica o irregularidades en el fondo. Define puntos de muestra en las zonas sin nebulosidad y ajusta los parámetros hasta obtener un fondo uniforme.

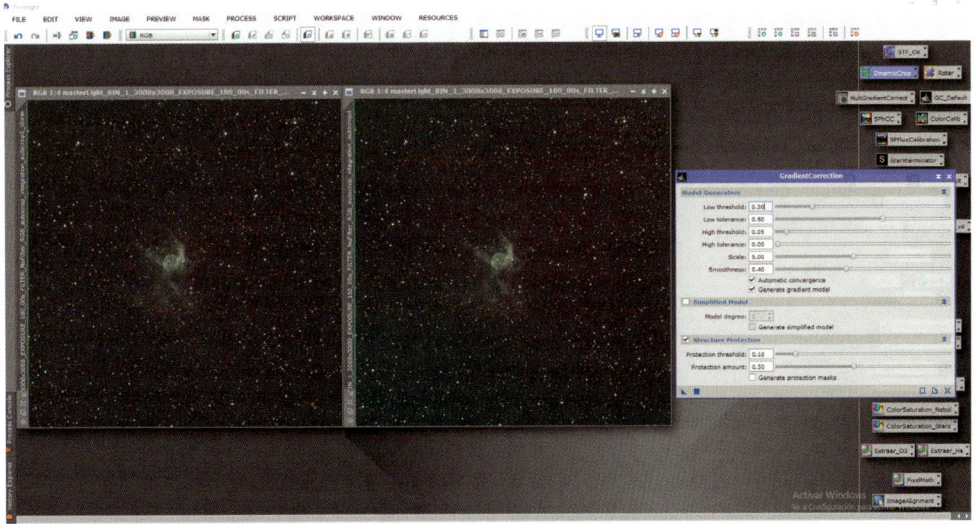

La imagen de la derecha, tal como sale del apilado. A la izquierda, la misma imagen aplicándole la corrección de gradientes con Gradieent Correction

GradientCorrection (GC). Alternativamente puedes utilizar Gradient Correction, este proceso es nuevo y totalmente automático y, aunque tiene deslizadores de ajuste, funciona perfectamente con los que lleva por defecto.

MultiscaleGradientCorrection (MGC). Última herramienta incorporada en PixInsight para la eliminación de gradientes de fondo, especialmente útil en imágenes con estructuras complejas o difusas. Utiliza una separación por escalas para preservar los detalles finos mientras corrige gradientes amplios y suaves. Es ideal tanto para imágenes lineales como estiradas.

5.3.3. NEUTRALIZACIÓN DEL FONDO Y CALIBRACIÓN DE COLOR

BackgroundNeutralization. Neutraliza el fondo de la imagen, dejándolo sin dominantes de color.

PhotometricColorCalibration (PCC). Esta es la mejor opción en la versión moderna de PixInsight, ya que ajusta los colores basándose en datos astrométricos. Asegúrate de configurar correctamente los parámetros para lograr una calibración precisa, especialmente útil en nebulosas mixtas.

5.3.4. REDUCCIÓN DE RUIDO INICIAL (OPCIONAL)

NoiseReduction en fase lineal. Algunos prefieren hacer una reducción de ruido ligera en esta fase para preparar la imagen para la deconvolución. MultiscaleLinearTransform o NoiseXTerminator (si lo tienes) son ideales, aplicando solo una pequeña reducción para suavizar el ruido sin perder demasiado detalle. Yo, personalmente, prefiero trabajar el ruido después de la deconvolución.

5.3.5. DECONVOLUCIÓN

Deconvolución. Esta técnica matemática puede mejorar la resolución aparente de una imagen, restaurando detalles que se pierden debido a la atmósfera o a limitaciones ópticas.

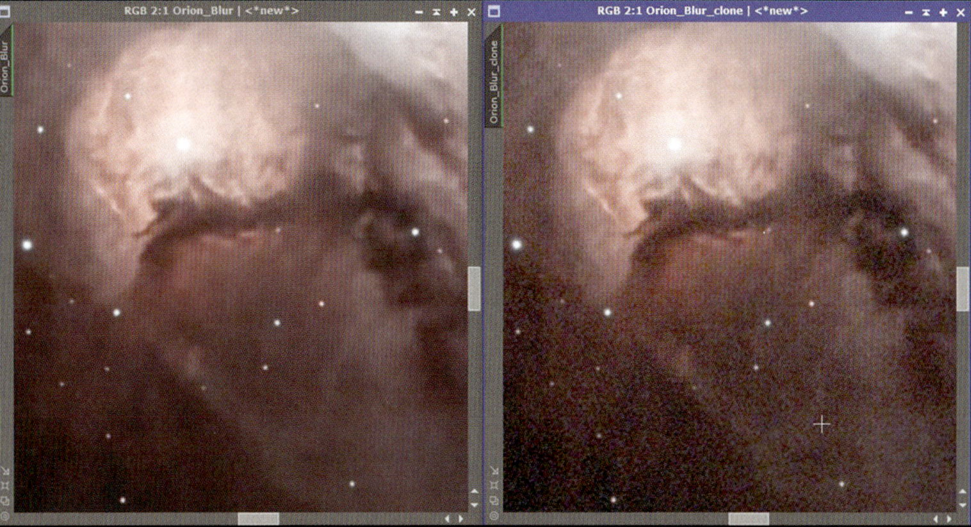

Reducción de ruido con NoiseXterminator. En la imagen de la izquierda se puede apreciar la disminución drástica del ruido con solamente un clic.

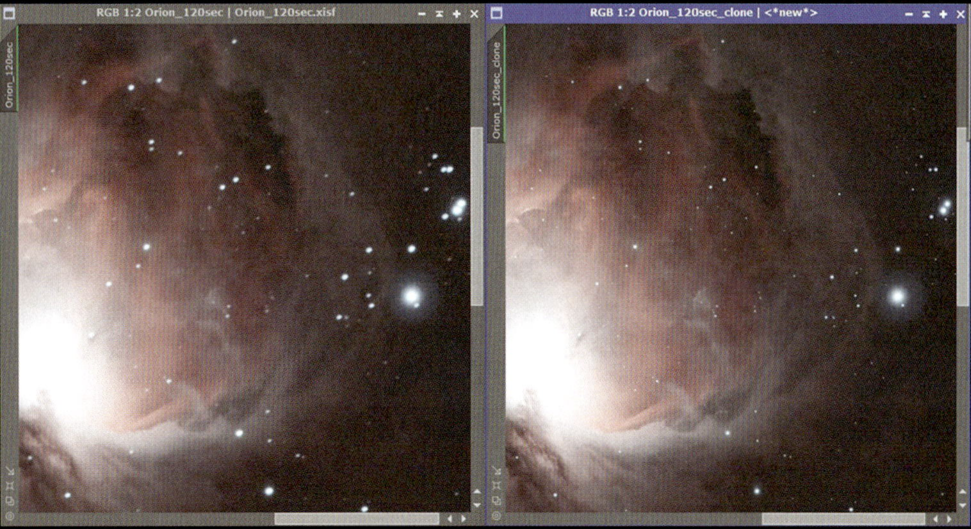

A la izquierda, la imagen antes de aplicar ningún proceso de deconvolución. A la derecha, la misma imagen una vez aplicado el proceso de deconvolución automática BlurXterminator. Se puede apreciar claramente la separación de estrellas y mayor detalle en la nebulosa.

• Utiliza una máscara de luminancia para proteger las áreas de fondo, ya que la deconvolución se debe aplicar en las estructuras más brillantes. Configura los parámetros de PSF (Point Spread Function), que define la estructura de desenfoque, y ajusta las iteraciones para recuperar detalles finos.

• Asegúrate de refinar tu máscara de luminancia, aplicando procesos como HistogramTransformation para intensificarla donde necesites más enfoque.

BlurXterminator. Es otra herramienta (de pago) totalmente automática, que hace un buen trabajo de deconvolución con muy poco esfuerzo.

5.3.6. REALCE DE DETALLES

Filtros de enfoque: aplica filtros de enfoque (como desenfoque gaussiano inverso o enfoque suavizado) para resaltar detalles finos, como estructuras en nebulosas o la definición de galaxias.

Deconvolución versus BlurXterminator. ¿Qué pasa si en vez del proceso de deconvolución se aplica el proceso BlureXterminator? BlurXTerminator se ha convertido en una opción popular en PixInsight para mejorar la nitidez y el enfoque de una imagen, y en muchos casos puede funcionar como una alternativa a la deconvolución tradicional. Sin embargo, tiene algunas diferencias clave en cuanto a sus resultados y la manera en que interactúa con la imagen. Aquí te explico qué sucede al usar BlurXTerminator en lugar de deconvolución en la fase lineal:

• Control automático y fácil de usar: BlurXTerminator está diseñado para ofrecer resultados efectivos sin la necesidad de configuraciones detalladas, como definir una PSF (Point Spread Function) que requiere la deconvolución tradicional. Esto lo hace más accesible y rápido de usar, especialmente para usuarios que buscan optimizar el flujo de trabajo sin perder tiempo en ajustes complejos.

• Efecto en el detalle de la imagen: BlurXTerminator usa algoritmos avanzados de inteligencia artificial para mejorar el enfoque de la imagen, produciendo detalles finos en la nebulosa y las estructuras sin amplificar tanto el ruido. Esto puede resultar en una mejora en los detalles comparable a la deconvolución pero con menos artefactos. Sin embargo, como se basa en modelos de aprendizaje, es posible que

BlurXTerminator no se adapte igual de bien a cada tipo de objeto. La deconvolución permite un ajuste personalizado a través de la PSF, lo cual puede ser ventajoso en situaciones muy específicas. También tengo que decir que esta tecnología, basada en IA, está avanzando de manera exponencial.

• Menor propensión a artefactos y halos: la deconvolución tradicional puede causar halos o artefactos si no se configura correctamente, especialmente alrededor de las estrellas. BlurXTerminator tiende a reducir estos problemas, ofreciendo un enfoque más limpio con menor riesgo de crear defectos no deseados en la imagen. Además, al no requerir tantas máscaras de protección, BlurXTerminator simplifica el flujo de trabajo y reduce el riesgo de halos alrededor de las estrella

• Interacción con el ruido de fondo: BlurXTerminator también es efectivo para reducir el ruido de fondo, lo que hace que pueda combinarse con otros procesos de reducción de ruido más avanzados o incluso sustituir una primera pasada de reducción de ruido en la fase lineal. Si decides usar BlurXTerminator antes de cualquier reducción de ruido, es probable que logres una imagen más limpia sin el riesgo de amplificar el ruido, como ocurre a veces con la deconvolución.

• Consideración en la fase lineal. Al aplicar BlurXTerminator en la fase lineal, puedes obtener detalles limpios y listos para el estirado sin necesidad de preocuparte por configuraciones minuciosas. Esto puede resultar en un proceso de preprocesado más rápido y eficaz, sin sacrificar la calidad.

• Resumen: BlurXTerminator es una excelente alternativa a la deconvolución, especialmente para quienes buscan un proceso rápido y fácil de aplicar sin los desafíos técnicos de la PSF y las máscaras detalladas. Aunque en casos muy específicos la deconvolución puede dar resultados más afinados en detalle, BlurXTerminator es versátil y reduce los artefactos, haciéndolo ideal para optimizar el flujo de trabajo en la fase lineal. Si prefieres un proceso simplificado y que mantenga la calidad sin complicaciones, BlurXTerminator es una opción más que válida.

5.3.7. CREACIÓN Y REFINAMIENTO DE MÁSCARAS

En esta fase, puedes crear varias máscaras para tener un mejor control en las etapas posteriores:

• Máscara de estrellas. Usa StarNet o StarXTerminator para separar las estrellas si planeas trabajar en la nebulosa de forma aislada.

• Máscara de luminancia para controlar la intensidad de los detalles.

5.3.8. AJUSTES DE RUIDO DETALLADOS

Si hiciste una reducción de ruido ligera en el paso 4, puedes hacer una segunda pasada con NoiseXTerminator u otra herramienta de reducción, enfocándote en las zonas específicas donde quieras un control adicional.

5.3.9. GUARDADO DE LA IMAGEN EN FASE LINEAL

Una vez completados estos ajustes, es buena práctica guardar una versión de la imagen en su fase lineal para tener un respaldo antes del estirado real del histograma.

5.4. Procesamiento avanzado

Estirado real del histograma

El estirado es una técnica en el procesamiento de imágenes astronómicas que permite revelar los detalles ocultos en las zonas más oscuras de una imagen. Esto es especialmente útil en astrofotografía, donde las áreas de interés suelen encontrarse en un rango de brillo bajo debido a la naturaleza de los objetos celestes y las largas exposiciones requeridas.

HistogramTransformation es una herramienta que ajusta la distribución de brillo en la imagen, reestructurando el histograma para realzar tanto las zonas de sombra como los

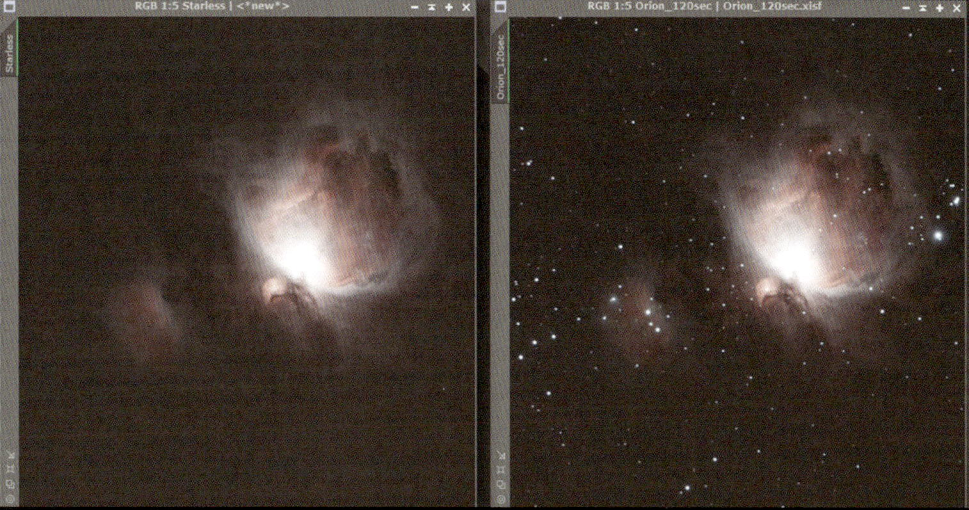

Este es uno de los procesos clave del flujo de trabajo. Al aplicar StarXterminator, este *software* tan potente separa las estrellas en otra imagen, de este modo, podemos trabajar la nebulosa por separado y las estrellas por otro lado, para luego juntar las dos imágenes.

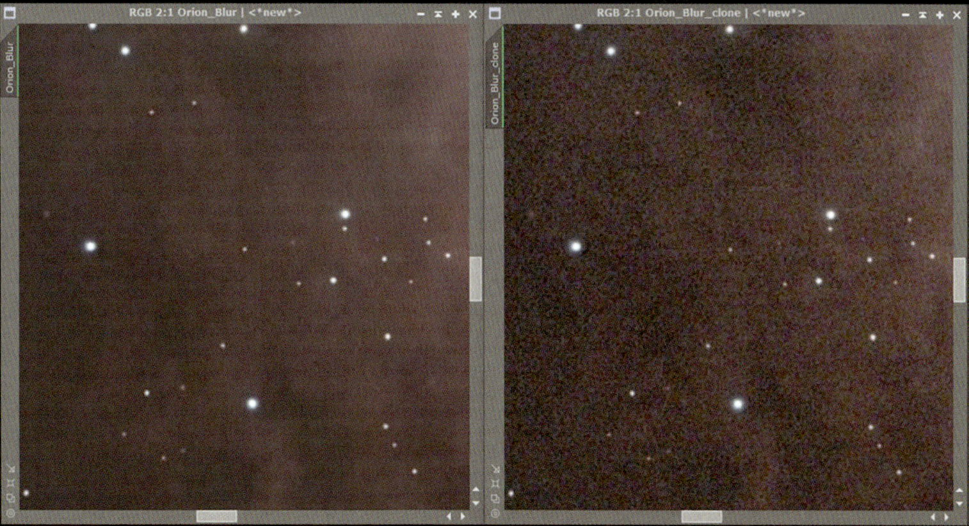

A la izquierda se puede apreciar la diferencia en cuanto a ruido.

tonos medios sin comprometer los detalles de las zonas más brillantes. Este proceso requiere un ajuste cuidadoso para evitar el recorte de información en las sombras o la sobresaturación de las áreas más luminosas, manteniendo el balance y la naturalidad en el resultado final. En resumen, el estirado con HistogramTransformation permite que elementos inicialmente invisibles salgan a la luz, mostrando un rango de detalles que no se perciben en la imagen capturada.

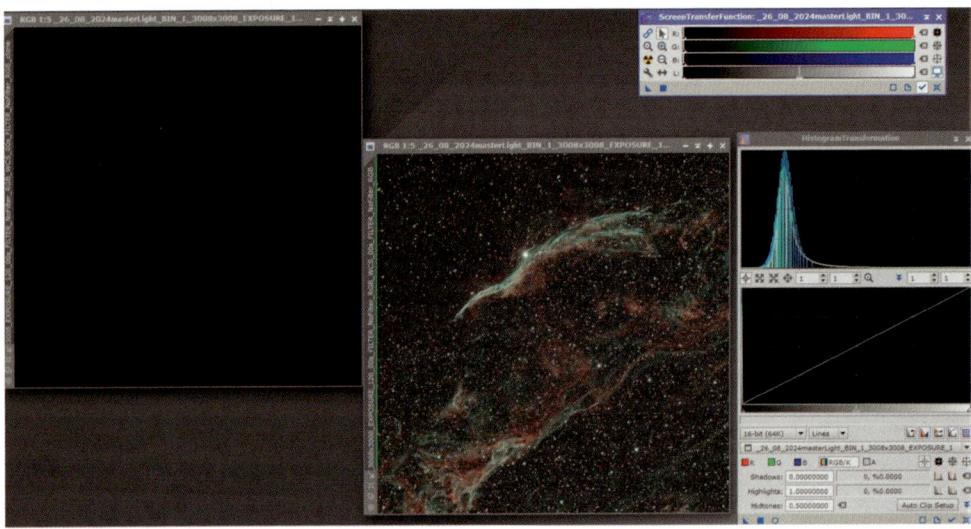

Herramienta de Pixingsight - HistogramTransformation

Combinación de canales de color

Mapeo de color. En la astrofotografía de banda estrecha, los canales de color pueden ser asignados de forma creativa para resaltar diferentes características del objeto. La paleta de Hubble (SHO) es un ejemplo popular.

Realce de detalles

Filtros de enfoque. Aplica filtros de enfoque (como desenfoque gaussiano inverso o enfoque suavizado) para resaltar detalles finos, como estructuras en nebulosas o la definición de galaxias.

Parte central de la nebulosa del Corazón con ajustes de color en paleta Hubble. Foto de Félix Juste

5.5. Toques finales y preparación para la presentación

Ajuste final de color y brillo

• Equilibrio general: realiza ajustes finales en los niveles de brillo, contraste, y color para mejorar la estética de la imagen y asegurar que todos los detalles sean claramente visibles. Aquí podrías utilizar el filtro de Camera Raw de Lightroom o de Photoshop si te sientes más cómodo.

• Corrección selectiva. Usa herramientas de ajuste selectivo para corregir áreas específicas de la imagen que puedan necesitar atención adicional, como estrellas brillantes o detalles en nebulosas.

Reducción y afilado de estrellas

• Tamaño de estrellas: en ocasiones, las estrellas pueden aparecer demasiado grandes o dominantes en la imagen. Usa técnicas de reducción de tamaño de estrellas para equilibrar mejor la imagen.

• Afilado de estrellas: aplica un afilado selectivo a las estrellas para mejorar su definición sin introducir artefactos indeseados. Hay distintos métodos pero yo te recomendaría los procesos de Bill Blanshan, que podrás descargar en su canal de YouTube AnotherAstroChanel (@anotherastrochannel2173). Con estos procesos puedes elegir la cantidad de estrellas que quieres que aparezcan en tu imagen para dar más protagonismo a la nebulosa o el objeto principal.

Recorte y composición

• Recorte: ajusta el encuadre de la imagen para resaltar el objeto principal y eliminar áreas innecesarias. Asegúrate de mantener una buena composición que dirija la atención del espectador al sujeto.

• Rotación y escala. Considera la rotación y el ajuste de escala para mejorar la composición general y la presentación del objeto astronómico. El proceso Dinamic Crop de PixInsight te ofrece esta sencilla herramienta.

Nota: avances en procesado fotográfico.

Desde hace unos años y hasta la edición de esta guía, los programas dedicados para astrofotografía han experimentado y siguen experimentando unos avances increíbles, haciendo que los procesos sean mucho más rápidos y efectivos.

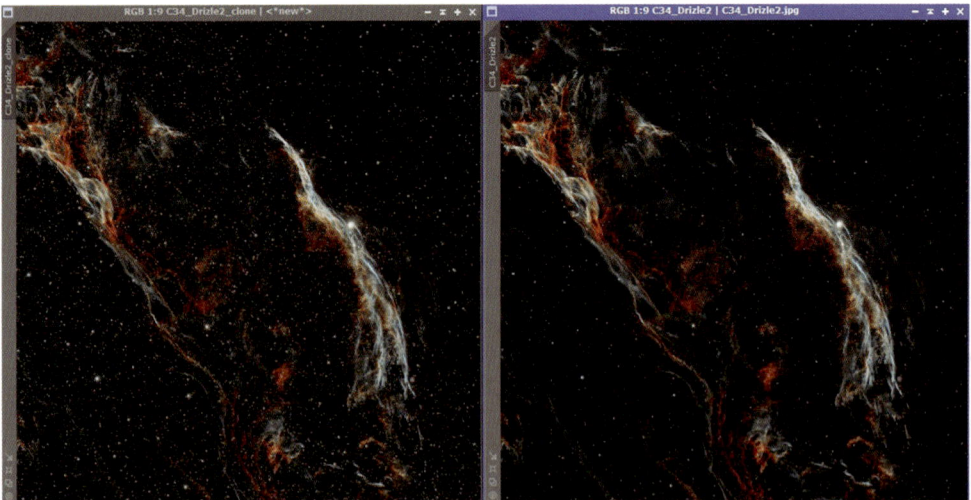

Reducción de estrellas con el método de Bill Blanshan

Nebulosa del Velo Oriental.
Foto de Félix Juste

Quinteto de Stephan, grupo de
Galaxias en la constelación de
Pegasus. Imagen de ESA/Hubble

Mensaje esperanzador para quienes comienzan con PixInsight

Comenzar con PixInsight puede parecer abrumador debido a su interfaz y su profundidad, pero es importante recordar que cada experto que ves hoy también estuvo en tu lugar. Este *software* es una de las herramientas más poderosas para el procesamiento de imágenes astronómicas, diseñada para ofrecer un control excepcional sobre cada aspecto de tus datos. Aunque su interfaz puede parecer poco intuitiva al principio, con paciencia y práctica, pronto te sentirás más cómodo navegando por ella. Aquí te dejo algunos enlaces a tutoriales:

La curva de aprendizaje es real, pero no insuperable. PixInsight está diseñado para usuarios que buscan calidad y precisión, por lo que requiere tiempo para entender sus herramientas y procesos. Empieza con lo esencial: calibración, alineación e integración. No intentes abarcarlo todo desde el principio; cada pequeña victoria, como aplicar un proceso correctamente, es un paso adelante.

Además, hay una gran cantidad de recursos disponibles: tutoriales, foros, comunidades y guías paso a paso que pueden facilitar tu aprendizaje. La comunidad de PixInsight es activa y siempre dispuesta a ayudar.

Lo más importante es no desanimarte. A medida que domines el *software*, descubrirás que su flexibilidad y precisión transformarán tus capturas en imágenes impresionantes. PixInsight no es solo un programa; es una herramienta que te permitirá revelar la belleza del universo con tus propias manos. El esfuerzo vale la pena, ¡y el resultado será asombroso!

Nota importante

Todos los pasos y ejemplos mencionados en esta sección son solo una muestra del potencial que PixInsight puede ofrecer. No pretende ser una guía exhaustiva de procesamiento, ya que abordar todos los procesos requeriría numerosos capítulos dedicados exclusivamente a ello, algo que no es el propósito de esta guía. Aquí te dejo algunos enlaces a tutoriales:

- https://pixinsight.com/tutorials/
- https://youtube.com/@neuralactivity?si=mCdyIbpsds5CN4Yn
- https://youtube.com/playlist?list=PLGdEwkUULpINLeo34hgm_6t NOySMFukTE&si=GrtHimlvDxd0MGKq

Conclusión del capítulo

El procesamiento de imágenes es una fase crítica en la astrofotografía que transforma datos brutos en obras de arte visuales. Aunque puede ser complejo, el dominio de estas técnicas permite a los astrofotógrafos sacar el máximo provecho de sus capturas, revelando los detalles ocultos del cosmos.

Próximos pasos

En el siguiente capítulo, exploraremos técnicas de posprocesamiento adicionales, como la creación de mosaicos, la fusión de datos de múltiples noches de observación, y la preparación de imágenes para su publicación y exhibición.

NGC 2174, nebulosa de emisión en la constelación de Orión. Imagen de ESA/Hubble

Capítulo 6

TÉCNICAS DE POSPROCESAMIENTO Y PRESENTACIÓN DE IMÁGENES

Nebulosa Cabeza de Caballo y la Flama.
Imagen de Félix Juste

6.1. Refinamiento final de la imagen

El refinamiento final es una etapa clave en el procesamiento de imágenes astronómicas, donde pequeños ajustes pueden marcar la diferencia entre una buena imagen y una excepcional. Este paso se enfoca en revisar cuidadosamente la imagen procesada, mejorar detalles específicos y corregir posibles imperfecciones, siempre con un enfoque sutil para evitar comprometer la calidad general.

6.1.1. REVISIÓN Y AJUSTE DE DETALLES

Inspección minuciosa
- Examina la imagen a diferentes niveles de zoom para identificar posibles problemas, como:
- Halos alrededor de estrellas: generados durante la reducción de estrellas o por aberraciones ópticas.
- Artefactos de procesamiento: como bordes abruptos o patrones no naturales.
- Ruido residual: pequeñas áreas con granulación no deseada, especialmente en regiones de bajo brillo.

Corrección selectiva de color y brillo
- Realiza ajustes localizados para perfeccionar áreas específicas sin alterar la imagen completa.
- Herramientas como máscaras permiten trabajar en:
- Nebulosas: resaltar estructuras sutiles o aumentar el contraste de zonas de interés.
- Estrellas individuales: ajustar su color para reflejar mejor su tipo espectral.

6.1.2. NITIDEZ Y REDUCCIÓN DE ARTEFACTOS

Filtros de nitidez
- Aplica técnicas para resaltar detalles finos, pero con moderación para evitar un aspecto artificial:
- Máscara de enfoque: útil para aumentar la claridad en áreas con estructuras pequeñas.

Reducción de artefactos

- Algunos problemas comunes pueden corregirse con herramientas específicas:
- Halos de color: reducidos con técnicas de corrección cromática.
- Anillos alrededor de estrellas: a menudo solucionados mediante ajustes en el procesamiento de estrellas o utilizando herramientas de suavizado selectivo.
- Ruido de bordes: que puede eliminarse con herramientas de reducción de ruido aplicadas localmente.

6.1.3. EVALUACIÓN GLOBAL

Balance general

- Asegúrate de que la imagen tenga un equilibrio visual atractivo, con un rango dinámico bien distribuido entre las zonas oscuras, brillantes y de transición.

Consistencia

- Verifica que los colores y los niveles de brillo sean consistentes en toda la imagen. Por ejemplo, evita que una región del fondo sea notablemente más oscura o luminosa que otra.

Revisión comparativa

- Compara la imagen refinada con versiones anteriores para confirmar que los cambios son mejoras y no introducen nuevas imperfecciones.

El refinamiento final requiere paciencia y un enfoque meticuloso. El objetivo es destacar la belleza natural del objeto astronómico procesado, maximizando el impacto visual sin comprometer la autenticidad científica o la calidad artística de la imagen.

6.2. Creación de mosaicos

6.2.1. CAPTURA Y PREPARACIÓN

Planificación del mosaico

- Divide el objeto o la región del cielo en paneles que se superpongan ligeramente, entre un 20-25 %, para asegurar una buena alineación y facilitar el ensamblaje posterior.

• Usa un *software* de planetario o simulación (como Stellarium o Telescopius) para planificar las posiciones exactas de los paneles. Esto te ayudará a evitar errores y cubrir completamente el área deseada.

• Asegúrate de capturar suficiente tiempo de exposición para cada panel, manteniendo un equilibrio en la relación señal-ruido.

Calibración y preprocesamiento

• Aplica los mismos procedimientos de calibración (*Darks*, *Flats* y *Bias*) a cada panel para garantizar una base consistente.

• Asegúrate de utilizar parámetros idénticos en el preprocesamiento (alineación de estrellas, integración, reducción de ruido) para evitar diferencias notables entre paneles.

• Si usas un filtro, verifica que las exposiciones sean equilibradas entre paneles para evitar variaciones en brillo o color.

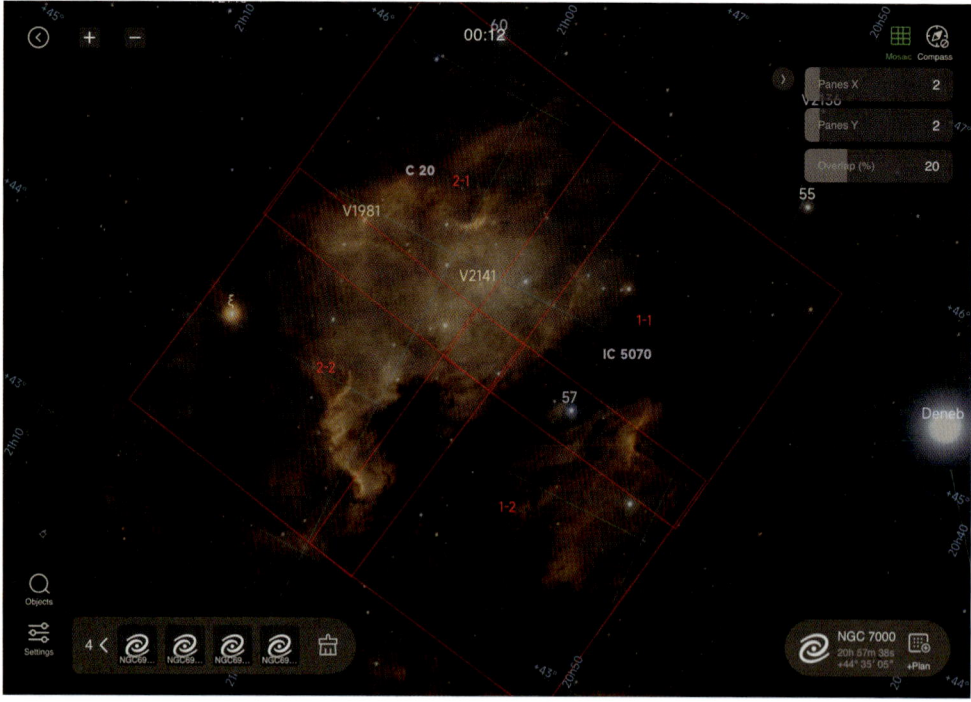

Mosaico en Asiair de NGC 7000, la nebulosa Norteamérica

6.2.2. ALINEACIÓN Y ENSAMBLAJE

Alineación de paneles

• Usa un *software* especializado como PixInsight, AstroPixelProcessor (APP) o Photoshop para alinear los paneles.

• Ajusta la rotación, el escalado y la posible distorsión óptica causada por el equipo. Herramientas como StarAlignment en PixInsight pueden automatizar este proceso con gran precisión.

Combinación de paneles

• Combina los paneles en una imagen única y coherente.

• Suaviza las costuras: herramientas como GradientMergeMosaic en PixInsight o la función de *blending* en APP ayudan a integrar las áreas superpuestas, eliminando líneas visibles.

• Equilibra el color y brillo: ajusta el fondo de los paneles para que tengan uniformidad, evitando variaciones entre las secciones. Usa máscaras si es necesario para trabajar en áreas específicas.

Revisión global del mosaico

• Examina la imagen final en busca de inconsistencias en las uniones o gradientes no deseados, corrigiéndolos con herramientas específicas.

• Realiza ajustes globales, como balance de color y mejora del contraste, para obtener un mosaico armónico.

Consejos adicionales

• Controla las condiciones de captura: intenta que todas las tomas se realicen bajo condiciones similares de cielo, humedad y transparencia para minimizar discrepancias entre los paneles.

• Planifica tiempos extra: los mosaicos requieren más capturas y procesamiento, por lo que es importante tener paciencia y suficiente tiempo para completar el proyecto.

• Prueba herramientas automáticas: si eres principiante, AstroPixelProcessor ofrece procesos más automatizados que pueden facilitar la creación del mosaico.

Con estas recomendaciones, podrás construir mosaicos astronómicos impresionantes y bien equilibrados.

Mosaico en Asiair de NGC 7000, la nebulosa Norteamérica.
Foto de Félix Juste

6.3. Fusión de datos multiespectrales

Combinación de banda ancha y banda estrecha

La fusión de datos de banda ancha (RGB) y banda estrecha (Hα, OIII, SII) permite crear imágenes astronómicas con un nivel de detalle y riqueza que es difícil de lograr con un solo tipo de datos. Este proceso combina el color natural capturado en banda ancha con la especificidad de las emisiones químicas capturadas en banda estrecha, logrando resultados tanto científicos como artísticos.

Al combinar banda ancha y banda estrecha, el objetivo es lograr un balance entre detalle, color y autenticidad visual, destacando la belleza del objeto sin comprometer la calidad científica o artística.

1. Integración de datos

- Preparación inicial: asegúrate de que los datos de banda ancha y banda estrecha estén calibrados y procesados de manera consistente, con un fondo uniforme y ruido minimizado.
- Combinación de datos: utiliza herramientas como PixelMath en PixInsight o *software* especializado para integrar los datos. Puedes optar por:
- Fusión directa: incorpora datos de banda estrecha como complemento al RGB, mejorando contraste y detalles.
- Sustitución parcial: reemplazar un canal RGB por datos de banda estrecha (por ejemplo, reemplazar el canal rojo con Hα).
- Preservación de estrellas: si deseas mantener colores naturales en las estrellas, considera procesarlas por separado y reintegrarlas después de la combinación.

2. Asignación de canales

En la fusión de datos multiespectrales, es crucial decidir cómo asignar los datos de banda estrecha a los canales de color. Algunas combinaciones comunes incluyen:

- Paleta SHO (Hubble): Hα al verde, OIII al azul y SII al rojo. Resalta estructuras químicas en nebulosas.
- Paleta HOO: Hα al rojo y OIII a los canales verde y azul, produciendo colores más cercanos al espectro visible.

• Paletas personalizadas: basadas en la creatividad o en objetivos específicos, como destacar elementos únicos del objeto fotografiado.

Uso de paletas de color personalizadas

Exploración creativa

Las paletas personalizadas permiten resaltar detalles específicos o destacar contrastes. Por ejemplo:

• Aumentar la presencia de emisiones de oxígeno para enfatizar estructuras de gas ionizado.

• Usar colores cálidos y fríos para dividir regiones activas y pasivas en nebulosas.

• Experimenta con ajustes de saturación y tono para encontrar combinaciones que destaquen la belleza y complejidad del objeto.

Consistencia visual

• Mantén un enfoque equilibrado: evita colores excesivamente saturados o tonos artificiales que puedan distraer del objeto principal.

• Utiliza máscaras y herramientas de selección para trabajar por separado en el fondo, las estrellas y las estructuras principales, asegurando que cada elemento se mezcle de manera armónica.

Consejos prácticos

• Herramientas útiles: PixInsight ofrece procesos como PixelMath, LRGBCombination y ChannelCombination, ideales para este tipo de integración.

• Revisión científica: si buscas una representación más fiel a los datos científicos, utiliza referencias espectrales para asignar colores con precisión.

• Procesamiento iterativo: trabaja en iteraciones, revisando constantemente cómo los datos de banda estrecha afectan el balance general de la imagen.

6.4. Preparación para publicación y exhibición

Optimización para diferentes medios

Impresión

• Ajusta la resolución a un mínimo de 300 ppi para garantizar una impresión de alta calidad, especialmente en tamaños grandes.

• Usa formatos sin pérdida, como TIFF, para preservar la calidad en el archivo de impresión.

• Configura el perfil de color en modo Color CMYK si el archivo será enviado a imprenta, ya que es el estándar para impresión profesional.

Publicación en línea

• Compresión eficiente: reduce el tamaño del archivo utilizando formatos como JPEG (en alta calidad) o PNG (si necesitas transparencia), manteniendo un equilibrio entre calidad visual y peso del archivo.

• Resolución adaptativa: optimiza la imagen para diferentes dispositivos. Una resolución de 1920x1080 píxeles es adecuada para pantallas estándar, mientras que 4K puede ser ideal para pantallas de alta definición.

• Formato WebP: considera este formato para una mejor compresión y calidad en plataformas modernas.

Firma y derechos de autor

Añadir firma

• Incluye una marca de agua discreta en una esquina o sobre la imagen, evitando que interfiera con los detalles principales. Esto identifica tu autoría y protege contra usos no autorizados.

• Usa *software* como Photoshop o PixInsight para insertar una firma personalizada con transparencia ajustable.

Información de derechos de autor

• Asegúrate de que tu nombre o pseudónimo aparezca claramente en las publicaciones.

• Especifica en la descripción los derechos de uso de la imagen, como: "Todos los derechos reservados" o "Licencia Creative Commons".

• Considera registrar tus imágenes en plataformas que gestionan derechos de autor, como Creative Commons o servicios de copyright.

Preparación de información descriptiva

Título y descripción

El título debe ser breve y atractivo, destacando el objeto o técnica principal. La descripción puede incluir:

• Nombre del objeto: por ejemplo, "nebulosa del Velo".

• Técnicas: "Imagen combinada de banda ancha y banda estrecha".

• Contexto: breve explicación de su relevancia astronómica o estética.

Metadatos

Inserta datos técnicos en la sección EXIF del archivo, como:

• Equipo utilizado: telescopio, cámara, filtros.

• Parámetros de captura: tiempo de exposición, ganancia, número de tomas.

• Ubicación: lugar de observación.

Esto facilita la organización, uso en proyectos científicos y publicación en comunidades astronómicas.

Acompañamiento educativo

Si compartes la imagen en plataformas públicas o educativas, añade una breve explicación sobre las características del objeto o el proceso de captura para involucrar al público.

Revisión final

Antes de compartir o imprimir, revisa la imagen en diferentes dispositivos o medios para garantizar que se vea bien en todas las plataformas.

• Optimización para redes sociales: asegúrate de que las dimensiones y formato sean compatibles con las plataformas donde deseas publicar (por ejemplo, Instagram, Facebook o X, antes Twitter).

• Archivo original: conserva siempre una copia del archivo procesado sin compresión para posibles futuros usos.

Con estos pasos, garantizarás que tus imágenes astronómicas no solo luzcan impresionantes, sino que también estén bien protegidas y contextualizadas para diversos usos.

6.5. Participación en concursos y exhibiciones

Selección de imágenes

Criterios de selección

Escoge imágenes que combinen calidad técnica y atractivo visual. Evalúa aspectos como:

• Composición: la disposición de los elementos principales, como nebulosas o galaxias.

• Originalidad: fotografías que ofrezcan perspectivas únicas o raramente vistas.

• Nivel de detalle: resolución y claridad en las estructuras del objeto fotografiado.

Preparación de archivos

Ajusta el formato y resolución según las especificaciones del concurso o exhibición. Por ejemplo:

• TIFF o PNG: para máxima calidad.

• JPEG comprimido: si el tamaño del archivo tiene restricciones.

• Asegúrate de que la imagen esté libre de artefactos visibles y que tenga un balance de color y brillo adecuados.

• Verifica las reglas del evento para evitar descalificaciones por incumplimiento técnico o temático.

Presentación y networking

Presentación de la imagen

Acompaña la imagen con una descripción bien redactada que destaque:

• Proceso de captura: breve explicación de los equipos y técnicas utilizadas.

• Motivación o historia: detalla por qué decidiste fotografiar ese objeto o región del cielo.

• Datos técnicos: incluye parámetros clave como tiempo de exposición, filtros usados, y ubicación de captura.

• Un enfoque narrativo puede captar más atención, especialmente en exhibiciones públicas o concursos.

Networking con otros astrónomos y fotógrafos

Participa activamente en foros y grupos de astrofotografía, tanto en línea como en eventos presenciales. Aprovecha exposiciones, talleres y concursos para:

• Recibir retroalimentación: aprende de otros participantes o jueces para mejorar tus técnicas.

• Compartir conocimientos: hablar sobre tu proceso puede fortalecer tu reputación en la comunidad.

• Ampliar conexiones: conocer a otros astrónomos y fotógrafos puede abrir oportunidades para colaboraciones futuras.

Consejo adicional: prepara una breve biografía o presentación personal para incluir con tu imagen. Esto puede ayudar a contextualizar tu trabajo y generar mayor interés en ti como autor. La combinación de una imagen impactante con una presentación bien estructurada puede marcar la diferencia en concursos y exhibiciones.

Conclusión del capítulo

Este capítulo ha cubierto el refinamiento final de las imágenes, la creación de mosaicos y composiciones multiespectrales, la preparación de imágenes para su publicación y exhibición. Estos pasos finales son esenciales para asegurar que el arduo trabajo de captura y procesamiento se presente de la mejor manera posible.

Este capítulo es crucial para asegurar que el esfuerzo invertido en capturar y procesar imágenes astronómicas se traduzca en presentaciones impactantes y profesionales. La correcta preparación y presentación de las imágenes no solo mejoran su apreciación visual sino que también puede abrir puertas a oportunidades de reconocimiento y colaboración en la comunidad astronómica.

Próximos pasos

El siguiente capítulo se enfocará en la astronomía colaborativa, incluyendo la participación en proyectos científicos y la contribución a bases de datos astronómicas. Además, se explorará cómo los astrofotógrafos pueden usar sus habilidades para apoyar la ciencia ciudadana.

Galaxia espiral barrada
NGC 986, en la
constelación Fornax.
Imagen de ESA/Hubble

Nebulosa planetaria NGC 1501, en la constelación
Camelopardalis (La Jirafa). Imagen de ESA/Hubble

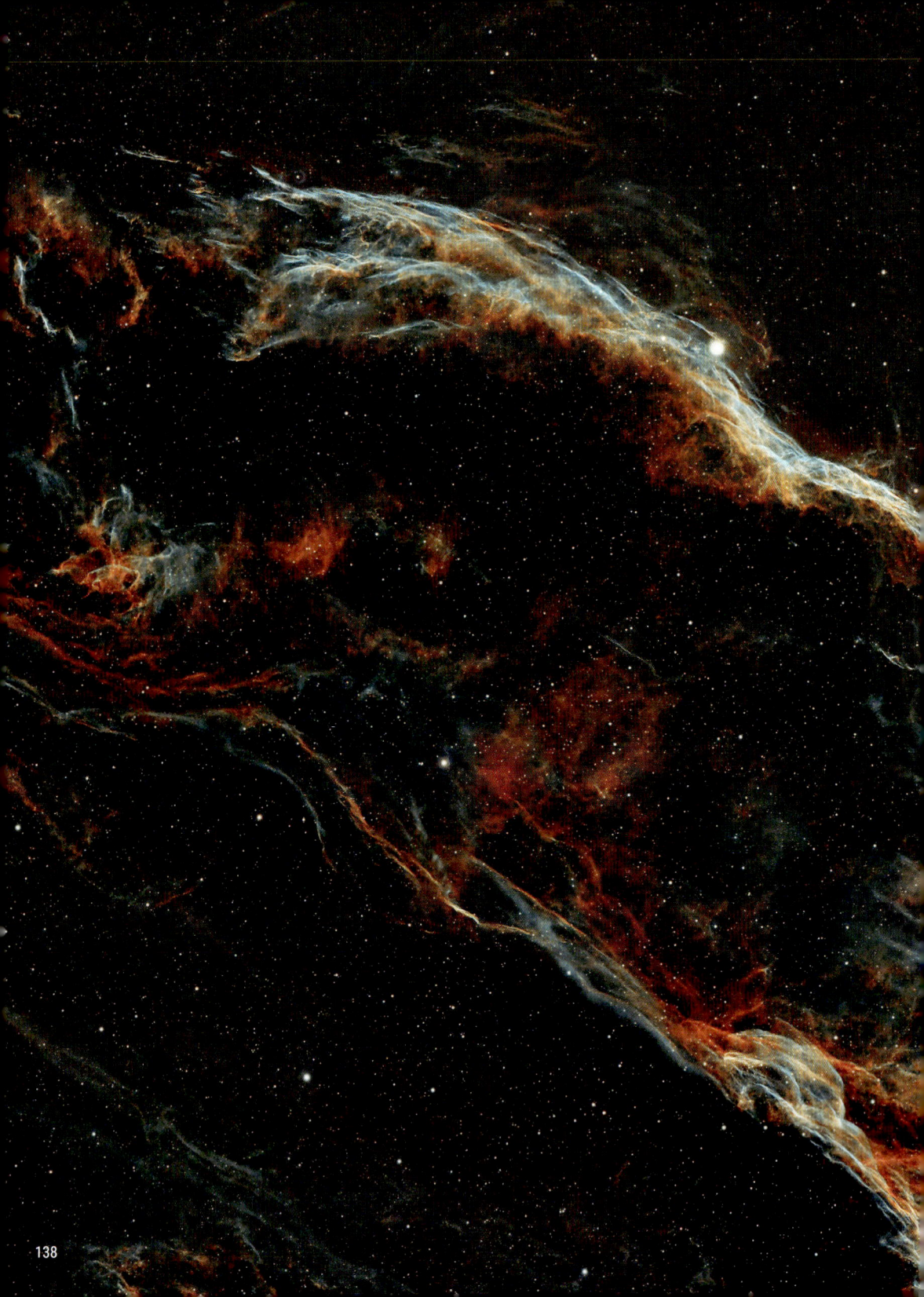

Capítulo 7

ASTRONOMÍA COLABORATIVA Y CIENCIA CIUDADANA

Nebulosa del Velo. Imagen de Félix Juste

7.1. Introducción a la astronomía colaborativa

Definición y beneficios

Astronomía colaborativa

La astronomía colaborativa es un modelo de trabajo que reúne a astrónomos profesionales y aficionados para abordar proyectos que requieren el análisis y recopilación masiva de datos. Este enfoque es particularmente valioso en áreas como la detección de eventos transitorios, el monitoreo de objetos celestes a largo plazo y la validación de hipótesis científicas.

Gracias a la accesibilidad de herramientas avanzadas, como cámaras CCD, telescopios automatizados y *software* de procesamiento, los aficionados pueden contribuir significativamente, desempeñando un papel complementario al de los observatorios profesionales. Este modelo fomenta una relación sinérgica donde todos los participantes se benefician de la experiencia compartida y los resultados obtenidos.

Beneficios de la astronomía colaborativa

- Ampliación de cobertura: los proyectos colaborativos permiten cubrir áreas más amplias del cielo y durante períodos más largos. Esto es crucial para detectar eventos transitorios, como supernovas, cometas o asteroides cercanos a la Tierra.

- Descubrimientos innovadores: los aficionados han sido responsables de importantes descubrimientos, como nuevas supernovas, cometas y estrellas variables, debido a su capacidad para monitorear regiones específicas con regularidad.

- Participación y aprendizaje: los aficionados adquieren experiencia práctica y conocimiento científico al participar en proyectos reales. Además, desarrollan habilidades técnicas avanzadas, desde el procesamiento de imágenes hasta la astrometría precisa.

- Aportación científica: los datos recopilados por los aficionados complementan las observaciones de telescopios profesionales, ayudando a crear bases de datos más completas y detalladas.

Monitoreo y observación

Los astrofotógrafos aficionados desempeñan un papel crucial en la vigilancia constante de fenómenos astronómicos que requieren observación continua:

- Estrellas variables: monitorear cambios en el brillo para estudiar su naturaleza y ciclos.
- Tránsitos de exoplanetas: registrar datos fotométricos que ayuden a confirmar la existencia de exoplanetas o a refinar sus parámetros orbitales.
- Asteroides y cometas: seguir sus trayectorias y registrar cambios en su apariencia, lo que contribuye a determinar órbitas y analizar su composición.
- Eventos transitorios: detección de fenómenos de corta duración, como explosiones de rayos gamma, novas y ocultaciones estelares.

Provisión de datos científicos

- Datos complementarios: los aficionados suelen observar en intervalos y ubicaciones que los telescopios profesionales no pueden cubrir, asegurando una mayor continuidad en el monitoreo.
- Observaciones multitudinarias: en proyectos globales, como campañas de seguimiento de asteroides, los datos recopilados por aficionados ayudan a refinar órbitas y características físicas.
- Procesamiento de imágenes: los astrofotógrafos suelen aportar imágenes procesadas con alta precisión, útiles para análisis científico y divulgación.

Ejemplos notables de astronomía colaborativa

- Programas de estrellas variables (AAVSO): la Asociación Americana de Observadores de Estrellas Variables coordina a aficionados de todo el mundo para monitorear variaciones de brillo, contribuyendo a investigaciones en evolución estelar.
- Asteroides y cometas (Minor Planet Center): aficionados reportan posiciones y trayectorias, ayudando a identificar nuevos objetos y refinar órbitas.
- Zooniverse: plataformas como Galaxy Zoo permiten a ciudadanos analizar imágenes de galaxias para clasificar estructuras y descubrir fenómenos interesantes.

La astronomía colaborativa no solo democratiza la ciencia, sino que también crea una comunidad global apasionada por desentrañar los misterios del cosmos.

7.2. Proyectos de ciencia ciudadana

Ejemplos de proyectos

Galaxy Zoo

Este proyecto invita a voluntarios a clasificar galaxias en función de su forma y estructura a partir de imágenes capturadas por telescopios como el Sloan Digital Sky Survey (SDSS) o el telescopio espacial Hubble.

• Impacto: las contribuciones de miles de participantes han llevado al descubrimiento de nuevas categorías de galaxias, como las galaxias Guisante Verde (Green Pea Galaxies), y han proporcionado datos fundamentales
para estudios de evolución galáctica.

• Cómo funciona: los usuarios observan imágenes y responden preguntas simples, como "¿Esta galaxia tiene forma espiral o elíptica?". Esto permite que las clasificaciones sean precisas incluso sin experiencia previa en astronomía.

Zooniverse

Una plataforma de ciencia ciudadana que alberga diversos proyectos astronómicos y de otras disciplinas. En el ámbito de la astronomía, incluye iniciativas como:

• Supernova Hunters: identificación de posibles supernovas en imágenes capturadas por telescopios.

• Solar Stormwatch: Seguimiento y análisis de tormentas solares utilizando datos de la misión Stereo de la NASA.

• Planet Hunters: detección de exoplanetas analizando curvas de luz obtenidas por misiones como Kepler y TESS.

• Impacto: Ha permitido descubrir eventos astronómicos únicos, identificar características solares y contribuir a la clasificación masiva de datos astronómicos complejos.

Exoplanet Transit Surveys

Estos proyectos invitan a astrónomos aficionados a observar los tránsitos de exoplanetas (pequeñas disminuciones en el brillo de una estrella cuando un planeta pasa frente a ella).

• Ejemplo notable: programas como el de la Asociación Británica de Astrónomos Variablistas (BAAVSS) y Exoplanet Explorers en Zooniverse permiten a los aficionados confirmar descubrimientos realizados por misiones como TESS y Kepler.

• Impacto: los datos recolectados ayudan a refinar las órbitas y las características físicas de los exoplanetas, complementando las observaciones de telescopios espaciales.

Asteroides y cometas (Minor Planet Center)

Aficionados de todo el mundo reportan observaciones de asteroides y cometas, ayudando a identificar nuevos objetos y refinar órbitas.

• Impacto: estas observaciones contribuyen a la defensa planetaria, monitoreando asteroides cercanos a la Tierra (NEOs) que podrían representar un riesgo.

AAVSO (American Association of Variable Star Observers)

Organización global que coordina a astrónomos aficionados para monitorear estrellas variables y recopilar datos fotométricos.

• Impacto: estos datos han sido utilizados en estudios de evolución estelar, eclipses binarios y en la calibración de distancias cósmicas.

Cómo participar

Inscripción y formación

Muchos proyectos requieren que los participantes se registren en plataformas específicas como Zooniverse, o en organizaciones como AAVSO. Tras el registro, los voluntarios suelen recibir tutoriales en línea o guías prácticas que explican cómo realizar las tareas asignadas, como clasificar imágenes o registrar observaciones.

• Accesibilidad: no se requiere experiencia previa en astronomía y las tareas están diseñadas para ser comprensibles y manejables incluso para principiantes.

Acceso a datos y herramientas

Los participantes tienen acceso a herramientas en línea y conjuntos de datos reales proporcionados por observatorios profesionales o misiones espaciales. Por ejemplo:

- Herramientas de análisis de curvas de luz: usadas en proyectos de tránsitos de exoplanetas.
- Visualizadores de imágenes: para identificar galaxias, supernovas o eventos solares.
- *Software* de astrometría y fotometría: en proyectos como el seguimiento de asteroides o estrellas variables.

Contribuciones educativas

Participar en estos proyectos no solo contribuye a la investigación científica, sino que también es una excelente oportunidad para aprender sobre astronomía práctica, análisis de datos y técnicas de observación. Las plataformas suelen incluir foros y comunidades donde los participantes pueden compartir sus experiencias, plantear dudas y aprender de otros aficionados y profesionales.

Consejos para maximizar tu participación

- Compromiso continuo: participar regularmente aumenta la precisión y el impacto de tus contribuciones.
- Busca proyectos que te apasionen: esto hace que el proceso sea más enriquecedor y te motive a seguir aprendiendo.
- Comparte tus logros: las contribuciones individuales pueden ser pequeñas, pero colectivamente tienen un impacto enorme. Compartirá tus experiencias puede inspirar a otros a unirse.

Con estas iniciativas, tanto astrónomos aficionados como profesionales trabajan juntos para expandir nuestro conocimiento del universo, demostrando que la ciencia es una tarea colaborativa y accesible para todos.

7.3. Contribución a bases de datos y redes de observación

Envío de datos, estándares de calidad

La calidad de los datos es fundamental para garantizar que las contribuciones sean útiles y fiables para la comunidad científica. Requisitos para cumplir con estos estándares:

• Documentación detallada: acompaña tus observaciones con una descripción clara de las condiciones en las que se realizaron, como la calidad del cielo (usando medidas como el Seeing, Transparencia y Escala Bortle), la presencia de nubes, y cualquier fenómeno atmosférico que pudiera haber influido en los resultados.

• Calibración del equipo: asegúrate de que el equipo, como cámaras y telescopios, esté correctamente calibrado antes de realizar observaciones. Esto incluye procesos como *Dark frames*, *Flat frames* y *Bias frames* en astrofotografía.

• Procesamiento estandarizado: si aplicas algún tipo de procesamiento a los datos, como eliminación de ruido o ajustes fotométricos, documenta cada paso de manera detallada para permitir la reproducibilidad de los resultados.

• Consistencia en la medición: evita sesgos al realizar mediciones, especialmente en fenómenos como la fotometría de estrellas variables o la cronometría de ocultaciones. Usar herramientas automatizadas puede reducir errores humanos.

Formato de datos

El formato en el que se presentan los datos es clave para facilitar su uso e integración:

• Protocolos estandarizados: familiarízate con los formatos de archivo requeridos por la base de datos o red a la que contribuyes. Por ejemplo, la AAVSO acepta datos en formatos como TXT o CSV que siguen un esquema definido (magnitud, error, fecha juliana, filtro utilizado, etc.).

• Etiquetado de datos: incluye metadatos claros, como el identificador del observador, coordenadas del objeto, hora de inicio y final de la observación, y filtros utilizados. Esto asegura que los datos puedan rastrearse y utilizarse fácilmente.

• Compatibilidad con *software*: muchas redes usan *software* específico para la validación y análisis de datos (como VStar para la AAVSO o Occult para IOTA). Familiarizarse con estas herramientas puede facilitar el envío y procesamiento de tus contribuciones.

La colaboración con redes internacionales de observación amplifica el impacto de tus datos al integrarlos en estudios globales. Algunas de las principales redes incluyen:

American Association of Variable Star Observers (AAVSO)

• Propósito: esta organización reúne observaciones de estrellas variables realizadas por astrónomos aficionados y profesionales. Sus datos son utilizados para estudiar la evolución estelar, la estructura interna de las estrellas, y fenómenos transitorios.

• Cómo contribuir: los observadores pueden enviar mediciones fotométricas de estrellas variables utilizando filtros fotométricos estándar (como Johnson-Cousins V, B, R, etc.). También se aceptan observaciones visuales, pero con procedimientos que aseguren su fiabilidad.

• Impacto científico: los datos contribuyen a la predicción de variabilidad estelar, el análisis de ciclos estelares y la validación de modelos astrofísicos.

International Occultation Timing Association (IOTA)

• Propósito: la IOTA coordina la observación de ocultaciones de estrellas por asteroides, lunas y otros cuerpos celestes. Estas observaciones permiten determinar con precisión el tamaño, forma y posición de los objetos, e incluso descubrir nuevos satélites o anillos.

• Cómo contribuir: los participantes graban ocultaciones con cámaras sensibles, como cámaras astronómicas o de alta velocidad, y sincronizan los tiempos de observación con relojes atómicos o servicios de sincronización como el GPS.

• Herramientas específicas: el *software* Occult permite analizar los tiempos y trazados de las ocultaciones para reconstruir las características del objeto responsable.

• Impacto científico: estas observaciones han mejorado los modelos orbitales de asteroides, descubierto características inesperadas como atmósferas delgadas en cuerpos menores, y ayudado a refinar modelos de la distribución de asteroides en el cinturón principal.

Otras redes relevantes

Además de las mencionadas, hay redes específicas que podrían interesarte:

• Global Meteor Network (GMN): para observadores de meteoros, esta red global recopila datos de lluvias de meteoros, trayectorias y orígenes.

• Minor Planet Center (MPC): enfocado en la observación de asteroides y objetos cercanos a la Tierra (NEOs). Los datos pueden ayudar a calcular órbitas y detectar posibles amenazas.

• Gaia Alerts: red que permite el seguimiento de alertas de variabilidad emitidas por el satélite Gaia.

7.4. Participación en programas educativos y de divulgación

Charlas y talleres

Educación pública

• Adaptación a diferentes niveles: al diseñar charlas y talleres, es importante ajustar el contenido a la audiencia, desde niños en edad escolar hasta adultos con interés en la astronomía. Se pueden incluir actividades prácticas como la construcción de un planisferio, simulaciones de fases lunares, o incluso demostraciones de cómo usar telescopios y cámaras astronómicas.

• Incorporación de tecnologías modernas: usar herramientas como aplicaciones de realidad aumentada o *software* de planetario puede hacer las charlas más dinámicas e interactivas, capturando mejor la atención del público.

• Colaboración con instituciones educativas: establecer alianzas con colegios, universidades y centros culturales puede ampliar el alcance de las actividades educativas, facilitando el acceso a recursos y audiencias más diversas.

Eventos de observación pública

• Enfoque temático: organizar noches temáticas centradas en fenómenos específicos, como lluvias de meteoros, eclipses, o la observación de un planeta en oposición, puede atraer más interés del público. Estas noches temáticas pueden combinarse con pequeñas charlas introductorias sobre el fenómeno.

• Accesibilidad para todos: ofrecer actividades inclusivas, como la provisión de telescopios adaptados para personas con discapacidad o la explicación de conceptos astronómicos en lenguaje sencillo, fomenta una mayor participación.

• Talleres prácticos durante las observaciones: incluir breves talleres sobre cómo localizar objetos celestes con binoculares o cómo identificar constelaciones a simple vista puede enriquecer la experiencia.

Publicación de resultados y artículos

Revistas y blogs

• Creación de contenido multimedia: complementar los artículos con imágenes, gráficos, y vídeos de time lapses o simulaciones astronómicas puede captar un público más amplio y facilitar la comprensión de los conceptos.

• Divulgación en redes sociales: aprovechar plataformas como Instagram, YouTube o X (antes Twitter) para compartir imágenes, procesamientos, y experiencias personales puede amplificar el impacto de las publicaciones y llegar a audiencias globales.

• Conexión con la comunidad amateur: escribir artículos prácticos dirigidos a otros aficionados, como guías para optimizar capturas o procesar imágenes, fortalece la comunidad y promueve el aprendizaje colaborativo.

Participación en conferencias

• Enfoque multidisciplinar: además de la presentación de resultados específicos, se pueden abordar temas relacionados con la astrofotografía, como la contaminación lumínica, el desarrollo de tecnologías para la astronomía amateur o la importancia de la ciencia ciudadana.

• Networking y colaboraciones: las conferencias no solo son un espacio para exponer, sino también para establecer contactos con otros astrofotógrafos, científicos, e incluso patrocinadores, lo que puede abrir oportunidades para proyectos más ambiciosos.

• Posters y demostraciones: participar con posters científicos o demostraciones prácticas en áreas de exhibición permite un enfoque más personal para explicar los proyectos a quienes se acerquen a preguntar.

7.5. Desafíos y consideraciones éticas

Propiedad de datos y derechos de autor

Reconocimiento de contribuciones

• Créditos en bases de datos: al enviar datos a redes de observación o proyectos colaborativos, asegúrate de que tus contribuciones sean correctamente documentadas y visibles en las plataformas correspondientes. Esto incluye el uso de identificadores únicos para los observadores.

• Autorizaciones claras: establecer acuerdos de colaboración que especifiquen cómo se reconocerán las contribuciones individuales o grupales puede prevenir malentendidos, especialmente en proyectos de gran escala.

• Participación en publicaciones científicas: si tus datos son utilizados en un artículo académico, considera solicitar la coautoría o al menos ser incluido en los agradecimientos. Esto fomenta la transparencia y motiva a los colaboradores a continuar participando.

Protección de datos

• Anonimización de datos personales: en proyectos que involucran a ciudadanos, es buena práctica anonimizar la información personal, como nombres y ubicaciones exactas, salvo que exista consentimiento explícito.

• Cumplimiento de regulaciones: asegúrate de cumplir con las normativas locales e internacionales de protección de datos, como el GDPR en Europa, especialmente si los datos se comparten con terceros o se publican en línea.

• Protección de menores: cuando las observaciones y actividades incluyen menores de edad, como en entornos educativos, es crucial obtener el permiso de los tutores legales y garantizar que cualquier información relacionada con ellos sea estrictamente confidencial.

Precisión y honestidad

• Validación de datos: implementar métodos de validación cruzada, como la comparación con datos de otros observadores o el uso de *software* para identificar errores, mejora la precisión de las contribuciones.

• Reportes de errores: si detectas errores en tus datos después de haberlos enviado, notifícalos inmediatamente a la organización o red correspondiente. Esto refuerza la confianza en la ciencia ciudadana.

• Transparencia en los métodos: documentar los pasos exactos utilizados para la captura y procesamiento de datos permite que otros reproduzcan y evalúen tus resultados de manera objetiva.

Conflictos de interés

• Declaraciones de conflicto: antes de enviar datos o participar en publicaciones, declara cualquier relación profesional, comercial o personal que pueda influir en la interpretación de tus contribuciones. Esto incluye vínculos con fabricantes de equipos astronómicos, patrocinadores o instituciones de investigación.

• Ética en colaboraciones: en proyectos que incluyen instituciones comerciales, es importante asegurarse de que los datos sean utilizados únicamente con los fines acordados, evitando su explotación en contextos no éticos o no divulgados.

• Neutralidad en la interpretación: al analizar o presentar resultados, evita introducir sesgos personales que puedan influir en las conclusiones científicas. Esto es particularmente importante en fenómenos que aún no tienen explicaciones claras o consensuadas.

Conclusión del capítulo

Este capítulo ha explorado las diversas formas en que los astrofotógrafos pueden contribuir a la astronomía colaborativa y a la ciencia ciudadana. La participación activa no solo enriquece el conocimiento científico, sino que también ofrece oportunidades educativas y de desarrollo personal.

Nebulosa N90 y NGC 602, en la constelación de Hydrus. Imagen de ESA/Hubble

Próximos pasos

El próximo capítulo discutirá el futuro de la astrofotografía, incluidas las tendencias emergentes y las innovaciones tecnológicas. Además, explorará cómo los astrofotógrafos pueden prepararse para estos cambios y continuar expandiendo sus habilidades y conocimientos.

Capítulo **8**

EL FUTURO DE LA ASTROFOTOGRAFÍA

C 50 Nebulosa Roseta, imagen de Félix Juste

8.1. Tendencias emergentes en la astrofotografía

Automatización y simplificación del proceso

El uso de la inteligencia artificial en astrofotografía ya está transformando el procesamiento de imágenes. Herramientas modernas pueden identificar y eliminar ruido, optimizar exposiciones y mejorar la alineación automática de imágenes, tareas que antes requerían horas de trabajo manual. Además, telescopios como el Nancy Grace Roman Space Telescope están allanando el camino hacia descubrimientos increíbles, accesibles para toda la comunidad astronómica.

• Automatización completa: herramientas como Asiair y otras plataformas como NINA, están integrando múltiples funciones (alineación polar, enfoque, guiado, encuadre y captura) en una sola interfaz, simplificando las sesiones de fotografía para principiantes y expertos.

• Control remoto y observatorios caseros: el control remoto de equipos a través de internet permite operar telescopios desde ubicaciones urbanas o incluso colaborar con observatorios globales.

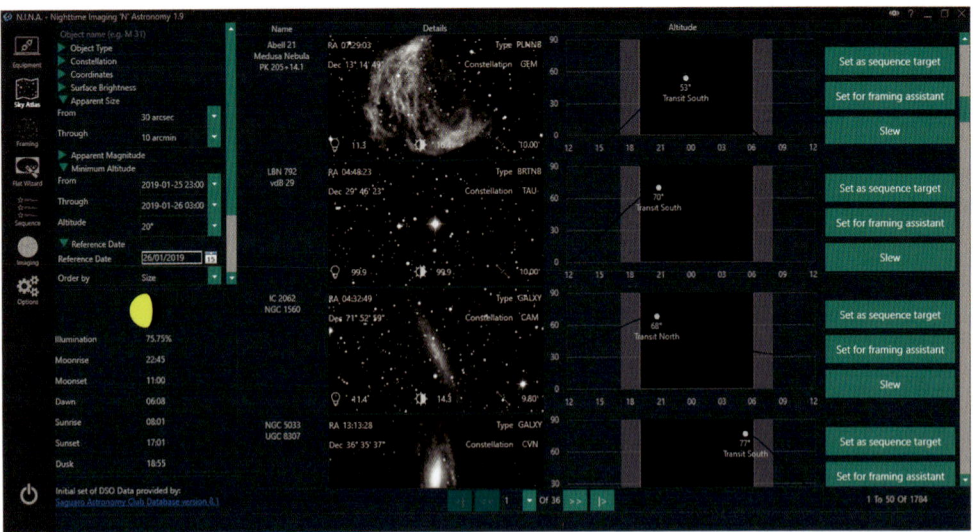

Automatización de sesión y control de todos los periféricos desde la aplicación NINA. Fuente: nighttime-imaging.eu

Avances en *software* y algoritmos inteligentes

• Procesamiento más intuitivo: el *software* moderno como PixInsight, Photoshop y Astro Pixel Processor sigue evolucionando, con mejoras en flujos de trabajo intuitivos y herramientas avanzadas que ahorran tiempo.

• Inteligencia artificial (IA): la IA y el aprendizaje automático están revolucionando la astrofotografía, ayudando a identificar patrones en imágenes, optimizar procesos de calibración y realizar mejoras automáticas en las imágenes finales.

Conexión entre aficionados y ciencia ciudadana

• Contribuciones científicas directas: proyectos como Galaxy Zoo o la detección de supernovas están integrando a los astrofotógrafos aficionados en investigaciones de gran impacto.

• Redes globales: plataformas como AstroBin o Telescopius fomentan la colaboración internacional, permitiendo compartir datos y coordinar observaciones de fenómenos astronómicos en tiempo real.

Estímulo de la creatividad visual

• Astrofotografía como arte: el enfoque en la estética de las imágenes está creciendo, con astrofotógrafos priorizando la composición, los colores y los detalles para crear obras visuales impactantes.

• Integración con otras artes: algunos astrofotógrafos están utilizando sus capturas para fusionarlas con arte digital, música y narrativa, ampliando el alcance cultural de la astrofotografía.

Inclusión y educación

• Acceso para todos: cada vez más, plataformas y programas educativos están enseñando astrofotografía a principiantes, sin importar su experiencia técnica o acceso inicial al equipo.

• Enfoque inclusivo: las herramientas intuitivas están acercando esta práctica a públicos más amplios, fomentando una comunidad más diversa y global.

Esta combinación de avances tecnológicos, accesibilidad, y colaboración internacional está marcando un nuevo capítulo en la astrofotografía, haciendo que más personas puedan explorar y capturar las maravillas del cosmos.

8.2. Innovaciones tecnológicas y nuevas herramientas

Las innovaciones en telescopios, sensores y *software* están impulsando la astrofotografía hacia nuevas fronteras, permitiendo imágenes más detalladas y datos más completos.

Telescopios y óptica avanzada

• Telescopios espaciales: los telescopios espaciales de la próxima generación, como el James Webb, ya proporcionan imágenes de alta resolución y datos espectroscópicos avanzados. Estos ingenios permiten ver detalles nunca antes accesibles y expanden las posibilidades para estudios de galaxias, estrellas y exoplanetas.

• Óptica adaptativa: la óptica adaptativa es una tecnología que ajusta en tiempo real las distorsiones causadas por la atmósfera, mejorando la claridad de las imágenes obtenidas desde la Tierra. Esto permite a los telescopios terrestres capturar imágenes con calidad casi comparable a las de los telescopios espaciales.

Sensores de imagen y cámaras

• Sensores CMOS avanzados: los sensores CMOS de última generación ofrecen una mayor sensibilidad, menor ruido y mejor eficiencia cuántica. Esto permite capturar imágenes detalladas incluso en condiciones de baja luminosidad, mejorando la calidad de las tomas de cielo profundo y otros objetos tenues.

• Cámaras hiperespectrales: la incorporación de cámaras hiperespectrales en astrofotografía permite capturar imágenes en múltiples bandas espectrales, proporcionando datos más ricos para el análisis científico. Estas cámaras permiten un estudio detallado de la composición química y las propiedades físicas de los objetos celestes.

***Software* y algoritmos de procesamiento**

• Integración de IA: la inteligencia artificial está facilitando la automatización de tareas complejas en el procesamiento de imágenes, como la eliminación de ruido, la mejora del contraste y la reducción de artefactos. Con la IA, los astrofotógrafos pueden realizar ajustes complejos con una intervención mínima.

• Las herramientas de simulación y modelado han mejorado significativamente, permitiendo a los astrofotógrafos planificar con precisión sus sesiones de observación y comprender mejor los fenómenos que capturan. Estas simulaciones también pueden ayudar a predecir el impacto de variables como la contaminación lumínica y las condiciones meteorológicas.

8.3. Impacto de la contaminación lumínica y otras amenazas

Contaminación lumínica

Efectos en la observación astronómica

La contaminación lumínica afecta gravemente la capacidad de observar el cielo nocturno, reduciendo la visibilidad de objetos celestes débiles y limitando el detalle en imágenes astronómicas. Este problema es especialmente crítico en áreas urbanas, donde muchas estrellas y galaxias simplemente desaparecen del cielo a simple vista.

Impacto cultural y científico

Más allá de la astrofotografía, la contaminación lumínica también desconecta a las personas de la experiencia visual del universo, con implicaciones para la educación y la apreciación del cosmos.

Soluciones y mitigación

• Promoción del uso de luces cálidas y dirigidas hacia el suelo para reducir la dispersión.

• Fomento de iniciativas globales como las Reservas de Cielo Oscuro y la implementación de leyes de iluminación responsables.

• Sensibilización pública sobre los beneficios de preservar el cielo nocturno, tanto para la ciencia como para el bienestar humano.

Satélites y objetos en órbita baja

Interferencias con observaciones

El creciente despliegue de mega constelaciones de satélites, como los de Starlink, ha aumentado significativamente los rastros de satélites en imágenes astronómicas. Estos rastros dificultan el análisis de datos científicos y comprometen la calidad estética de las imágenes.

Riesgos a largo plazo

Además de interferir con las observaciones, el aumento de objetos en órbita baja incrementa el riesgo de colisiones, generando más desechos espaciales y agravando el problema del síndrome de Kessler (congestión orbital).

Colaboración y soluciones internacionales

- Oscurecimiento de satélites: empresas están probando revestimientos que reduzcan su brillo.
- Planeación de trayectorias: coordinar órbitas para minimizar el paso de satélites por regiones clave del cielo.
- Regulación internacional: gobiernos, astrónomos y la industria espacial deben trabajar en políticas que equilibren el desarrollo tecnológico con la preservación del cielo para la ciencia y la humanidad.

Ambos problemas resaltan la necesidad de un equilibrio entre el avance tecnológico y la conservación del cielo nocturno como patrimonio natural, cultural y científico. La acción conjunta puede garantizar que las generaciones futuras también disfruten y estudien las maravillas del cosmos.

8.4. Preparándose para el futuro

Aprendizaje continuo: una puerta al futuro

Mantente al día con la tecnología

En un campo en constante evolución, mantenerse informado sobre las últimas herramientas y técnicas es esencial. Asistir a conferencias, talleres o cursos en línea no solo mejora habilidades, sino que abre la puerta a nuevas posibilidades creativas y científicas.

Experimentación creativa

Atrévete a explorar más allá de las técnicas habituales. Prueba la fotografía multiespectral, la polarimetría o incluso la espectroscopía para descubrir nuevas maneras de observar y comprender el universo. El aprendizaje no tiene límites.

Construcción de redes y comunidad: la fuerza de la colaboración

Forma parte de una comunidad

Únete a grupos de astrofotografía, foros en línea o asociaciones locales. Compartir experiencias y aprender de otros astrofotógrafos fortalece tus habilidades y amplía tu perspectiva. La inspiración muchas veces nace de la interacción con otros apasionados.

Comparte tu conocimiento

Publica tus aprendizajes a través de tutoriales, blogs, o charlas en conferencias. Al contribuir al conocimiento colectivo, no solo ayudas a otros, sino que también te consolidarás como parte activa de la comunidad.

Innovación personal y profesional: explorando nuevos horizontes

Busca nuevos intereses

La astrofotografía puede llevarte a otras áreas fascinantes como la astrobiología, la investigación planetaria o incluso la divulgación científica. Estas disciplinas pueden complementar tu pasión por el cosmos y ofrecerte nuevos retos.

Izquierda, conferencia sobre la figura de Carl Sagan. Foto de Ramón Salvador (AAA). Derecha, conferencia sobre Astrofotografía Fotografía de Ramón Salvador (AAA). Foto de Ana Román (AAA)

Adáptate a los cambios globales

La flexibilidad es clave en un mundo dinámico. Aprende a lidiar con desafíos como restricciones de viaje o cambios en el entorno astronómico, como el impacto de los satélites. Adaptarte te permitirá seguir explorando el cielo sin importar las circunstancias.

Crece con el universo

La astrofotografía es un viaje que combina aprendizaje constante, conexión con la comunidad y el impulso hacia la innovación. Aprovecha cada oportunidad para mejorar tus habilidades, contribuir al conocimiento colectivo y explorar nuevas fronteras. ¡El cielo no es el límite, es solo el comienzo!

Conclusión del capítulo

Este capítulo ha explorado las tendencias emergentes y las innovaciones tecnológicas en la astrofotografía, así como los desafíos y oportunidades que se presentan en el futuro. También ha ofrecido recomendaciones para que los astrofotógrafos se preparen y adapten a estos cambios.

Próximos pasos

En el próximo capítulo, exploraremos cómo resolver los problemas más comunes en la astrofotografía, desde la contaminación lumínica hasta los desafíos técnicos de seguimiento y enfoque. Además, discutiremos estrategias prácticas para superar estos obstáculos y maximizar el potencial de tu equipo, manteniendo la pasión por este arte y ciencia.

Nebulosa de reflexión IC 63, The Ghost Nebula, en la constelación de Casiopea. Imagen de ESA/Hubble

Capítulo 9

RESOLUCIÓN DE PROBLEMAS COMUNES DE LA ASTROFOTOGRAFÍA

NGC 6332, Nebulosa de la Mariposa,
en la constelación de Scorpius.
Imagen de Esa/Hubble

9.1. Cómo lidiar con la contaminación lumínica

Un problema creciente

Efectos en la observación astronómica: la contaminación lumínica afecta gravemente la capacidad de observar el cielo nocturno, reduciendo la visibilidad de objetos celestes débiles y limitando el detalle en imágenes astronómicas. Este problema es especialmente crítico en áreas urbanas, donde muchas estrellas y galaxias simplemente desaparecen del cielo a simple vista.

Impacto cultural y científico: más allá de la astrofotografía, la contaminación lumínica también desconecta a las personas de la experiencia visual del universo, con implicaciones para la educación y la apreciación del cosmos.

Soluciones y mitigación:

- Promoción del uso de luces cálidas y dirigidas hacia el suelo para reducir la dispersión.
- Fomento de iniciativas globales como las Reservas de Cielo Oscuro y la implementación de leyes de iluminación responsables.
- Sensibilización pública sobre los beneficios de preservar el cielo nocturno, tanto para la ciencia como para el bienestar humano.

Satélites y objetos en órbita baja

Interferencias con observaciones: el creciente despliegue de mega constelaciones de satélites, como los de Starlink, ha aumentado significativamente los rastros de satélites en imágenes astronómicas. Estos rastros dificultan el análisis de datos científicos y comprometen la calidad estética de las imágenes.

Riesgos a largo plazo: además de interferir con las observaciones, el aumento de objetos en órbita baja incrementa el riesgo de colisiones, generando más desechos espaciales y agravando el problema del síndrome de Kessler (congestión orbital).

Colaboración y soluciones internacionales:

- Oscurecimiento de satélites: empresas están probando revestimientos que reduzcan su brillo.

- Planificación de trayectorias: coordinar órbitas para minimizar el paso de satélites por regiones clave del cielo.
- Regulación internacional: gobiernos, astrónomos y la industria espacial deben trabajar en políticas que equilibren el desarrollo tecnológico con la preservación del cielo para la ciencia y la humanidad.

Ambos problemas resaltan la necesidad de un equilibrio entre el avance tecnológico y la conservación del cielo nocturno como patrimonio natural, cultural y científico. La acción conjunta puede garantizar que las generaciones futuras también disfruten y estudien las maravillas del cosmos.

Identificación de fuentes de contaminación lumínica

Entorno local: detecta fuentes de luz cercanas, como farolas, iluminación de edificios y otras luces urbanas. Estas son las principales responsables de la pérdida de contraste en el cielo nocturno.

Condiciones meteorológicas: la humedad y las nubes actúan como difusores de la luz artificial, amplificando la contaminación lumínica. Es importante prever estas condiciones al planificar una sesión.

Estrategias de mitigación

Uso de filtros anticontaminación: emplea filtros especializados que bloquean las longitudes de onda de la luz artificial más común, mejorando el contraste de los objetos celestes.

Selección de la ubicación: prioriza zonas rurales, parques nacionales o destinos certificados como Starlight, donde la contaminación lumínica es mínima.

Planificación temporal: programa sesiones después de la medianoche o durante fines de semana con menor actividad industrial para minimizar la influencia de las luces humanas.

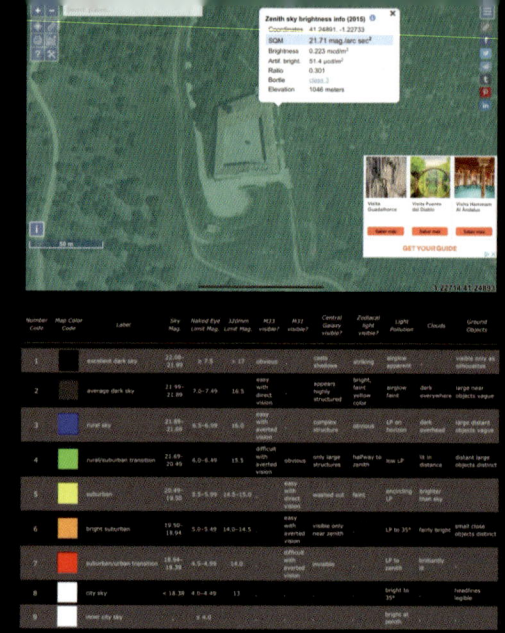

Mapa de contaminación lumínica (lightpollutionmap.info), herramienta gratuita en la web

Proyecto Starlight

El Proyecto Starlight es una iniciativa internacional que busca proteger y valorar la calidad del cielo nocturno, promoviendo el astroturismo y la educación astronómica. En España, la Fundación Starlight, creada en 2009 por el Instituto de Astrofísica de Canarias (IAC), lidera este esfuerzo, certificando lugares con cielos excepcionales para la observación de estrellas y fomentando su conservación.

Certificaciones Starlight en España. La Fundación Starlight otorga diversas certificaciones a territorios que cumplen con estrictos criterios de calidad del cielo y compromiso con su protección:

• Reservas Starlight: espacios naturales protegidos que se comprometen a defender la calidad del cielo nocturno y el acceso a la luz de las estrellas. Por ejemplo, el Parque Regional de Gredos, en Ávila, fue declarado Reserva Starlight en 2020, convirtiéndose en la primera de Castilla y León.

• Destinos Turísticos Starlight: lugares visitables con excelentes condiciones para la contemplación de cielos estrellados y el desarrollo de actividades turísticas basadas en ellos. La Red de Parajes de la Ribera de Navarra es un ejemplo reciente, certificada en junio de 2024 como el primer Destino Turístico Starlight que agrupa múltiples parajes en España.

• Otras modalidades: incluyen Alojamientos Starlight, Parajes Starlight y Parques Estelares, entre otros, que ofrecen infraestructuras y servicios orientados al astroturismo.

Impacto en el astroturismo

Estas certificaciones han impulsado el desarrollo del astroturismo en España, atrayendo a aficionados y profesionales de la astronomía, así como a turistas interesados en experiencias únicas bajo cielos estrellados. Regiones como la sierra de Gredos, las sierras de Gúdar y Javalambre y la isla de La Palma en Canarias, entre otros, se han consolidado como destinos destacados para la observación astronómica.

Formación y concienciación

La Fundación Starlight también ofrece cursos y programas de formación dirigidos a diferentes sectores, con el objetivo de valorar y proteger la calidad del cielo estrellado, extender la afición a la astronomía y generar economía en torno a la contemplación e interpretación del cielo nocturno.

En resumen, el Proyecto Starlight en España desempeña un papel fundamental en la preservación del cielo nocturno y en la promoción de un turismo sostenible y educativo, aprovechando uno de los recursos naturales más valiosos: la luz de las estrellas.

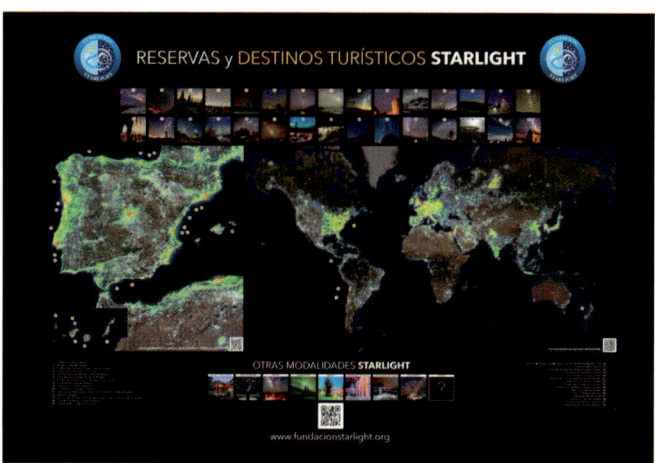

Web de la Fundación Starlight
(fundacionstarligth.com)

Circumpolar y Vía Láctea con el centro galáctico. Fotografías de José Luis Sangüesa (Instagram: @jlsanguesar)

9.2. Problemas de enfoque y aberraciones ópticas

Diagnóstico y solución de problemas ópticos

Identificación del enfoque incorrecto: una estrella desenfocada se presenta como un disco borroso o con un patrón irregular. Asegúrate de verificar el enfoque antes de comenzar largas exposiciones, ya que un leve error puede comprometer toda la sesión.

Uso de la máscara de Bahtinov: esta herramienta esencial genera patrones de difracción que permiten identificar con precisión cuándo el telescopio está enfocado correctamente. Ajusta la posición del enfocador hasta que las líneas se crucen de manera simétrica en el patrón.

Comparación visual:

- Desenfoque: estrellas grandes, borrosas y sin definición.
- Enfocado: estrellas definidas y nítidas, con bordes claros.

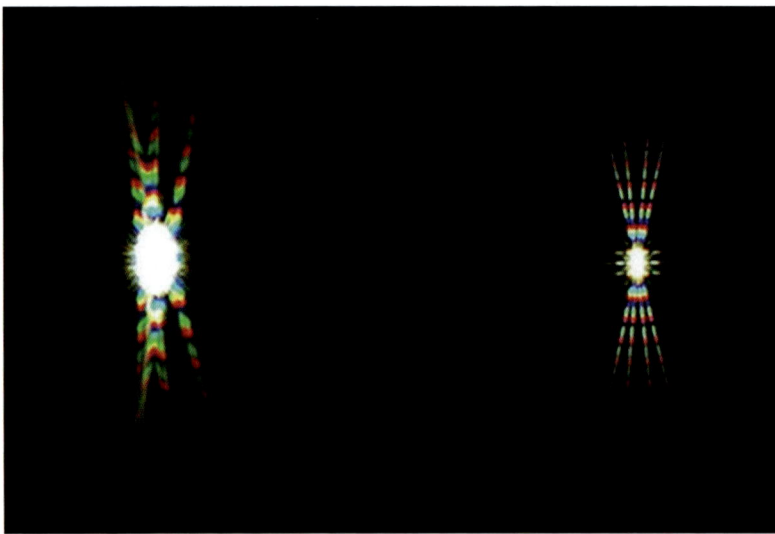

A la izquierda, imagen desenfocada y asimétrica, fuera de foco; a la derecha, imagen de los picos de difracción totalmente simétricos y en foco

Aberraciones ópticas, soluciones

Aberración cromática:

• Problema: se manifiesta como franjas de colores (azul o rojo) alrededor de las estrellas brillantes, común en telescopios refractores acromáticos.

• Solución: utiliza telescopios apocromáticos o filtros UV/IR cut para eliminar longitudes de onda fuera del espectro visible.

Coma y astigmatismo:

• Problema: estrellas en los bordes del campo aparecen alargadas o deformadas, formando un "rastro de cometa".

• Solución: ajusta el colimado del telescopio para alinear los espejos correctamente y utiliza correctores de coma en telescopios reflectores.

Curvatura de campo:

• Problema: las estrellas en el centro están enfocadas, pero las de los bordes aparecen borrosas o distorsionadas.

• Solución: incorpora un aplanador de campo en el tren óptico para garantizar una imagen plana en todo el sensor o realiza correcciones durante el procesado.

Una imagen con coma o astigmatismo puede arruinar nuestras fotografías

Estas soluciones prácticas te permitirán diagnosticar y corregir problemas de enfoque y aberraciones ópticas, optimizando la nitidez y calidad de tus imágenes astronómicas. ¡Recuerda que un buen enfoque y un sistema óptico calibrado son la base para capturas espectaculares!

9.3 Desalineación y errores de seguimiento

Problemas comunes de alineación:

• Error en la alineación polar: realiza una alineación precisa utilizando métodos como la vista a Polaris (en el hemisferio norte) o el *software* de alineación polar de dispositivos como Asiair o PoleMaster.

• Nivelación del trípode: asegúrate de que el trípode esté completamente nivelado para evitar movimientos indeseados que puedan comprometer el seguimiento. Existen multitud de apps, que son perfectamente válidas para este fin.

Corrección de errores de seguimiento:

• Autoguiado: instala un sistema de autoguiado que corrija automáticamente errores menores de seguimiento en tiempo real, mejorando la precisión de las capturas de larga exposición.

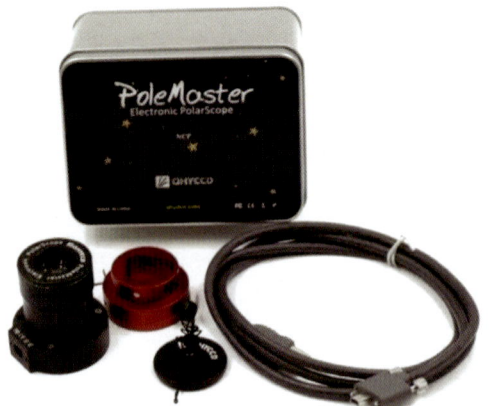 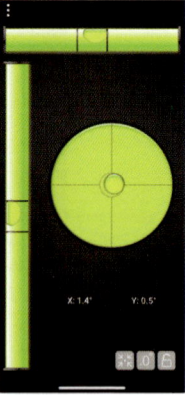

Izquierda, Polemaster, el honorable veterano de las alineaciones polares; derecha, aplicación de nivel de burbuja 3 en 1 para teléfono móvil

• Mantenimiento regular del equipo: revisa periódicamente el estado de los motores, engranajes y ajustes de la montura para evitar problemas mecánicos que afecten el rendimiento.

9.4. Análisis de problemas de ruido y estrategias de mitigación

Tipos de ruido en imágenes astronómicas:

• Ruido térmico: producido por el calor generado en el sensor durante exposiciones largas.

• Ruido de lectura: introducido al leer los datos del sensor, especialmente en cámaras con sensibilidades altas.

• Ruido de fondo: resultado de interferencias externas, como luz ambiental o contaminación lumínica.

Técnicas de Mitigación:

• Enfriamiento del sensor: utiliza cámaras refrigeradas para reducir el ruido térmico, especialmente durante exposiciones prolongadas.

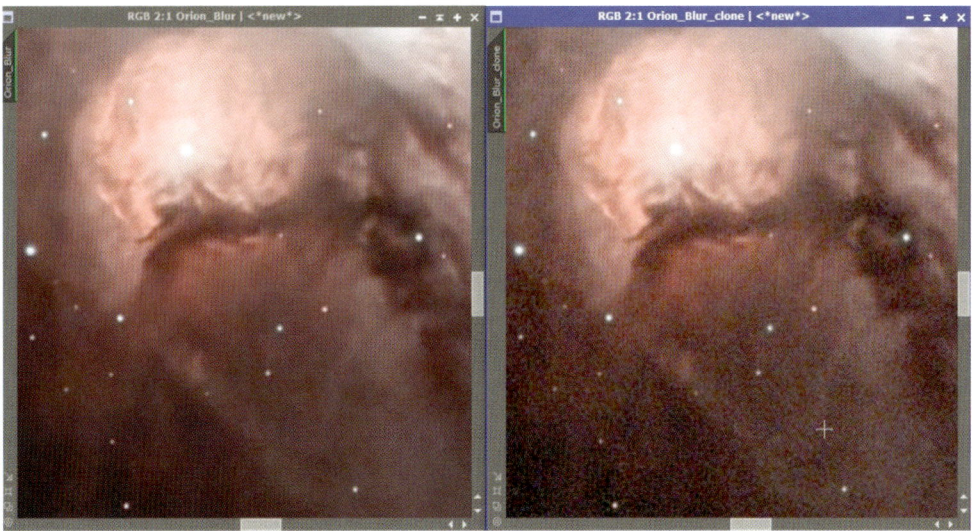

A la izquierda se puede apreciar una reducción de ruido importante en la imagen procesada

• Tomas de calibración: aplica *Dark frames* para corregir ruido térmico, *Flat frames* para compensar viñeteo y *Bias frames* para corregir defectos del sensor.

• Procesado avanzado: usa *software* como PixInsight o Topaz DeNoise, que incluyen algoritmos avanzados para reducir el ruido sin comprometer los detalles de la imagen.

Estas estrategias te permitirán abordar y mitigar los problemas más comunes en astrofotografía, asegurando mejores resultados y optimizando cada sesión de observación y captura.

Conclusión del capítulo

En este capítulo hemos abordado los desafíos más frecuentes en la astrofotografía, desde la contaminación lumínica y los problemas de enfoque hasta errores de seguimiento y ruido en las imágenes. Cada problema tiene soluciones prácticas que, cuando se aplican correctamente, pueden marcar la diferencia entre una sesión frustrante y una exitosa. La clave está en la preparación, el aprendizaje continuo y la adaptabilidad para superar cualquier obstáculo técnico.

Próximos pasos

En el próximo capítulo, exploraremos casos prácticos y ejemplos reales para consolidar los conocimientos adquiridos. Analizaremos proyectos completos, desde la planificación hasta la postproducción, y te enfrentaremos a retos fotográficos que pondrán a prueba tus habilidades, ayudándote a perfeccionarlas aún más.

Burbuja azul alrededor de una estrella del tipo Wolf-Rayet, conocida como WR 31. Imagen de ESA/Hubble

Delicada burbuja remanente de supernova SNR 0509, en la constelación Dorado. Imagen de ESA/Hubble

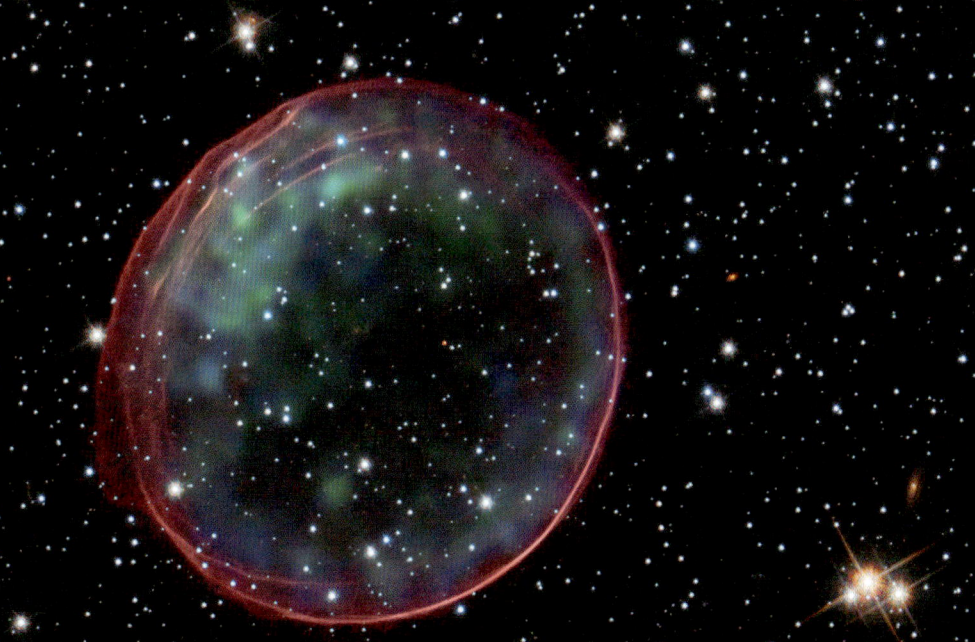

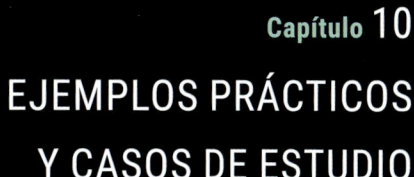

Capítulo 10

EJEMPLOS PRÁCTICOS
Y CASOS DE ESTUDIO

M82, Galaxia del Cigarro
en la constelación de la Osa Mayor. Foto Hubble

177

10.1. Ejemplos de proyectos con diferentes configuraciones de equipo

10.1.1. ASTROFOTOGRAFÍA DE PAISAJE NOCTURNO

Equipo recomendado:

- Cámara DSLR o *mirrorless* (sin modificar o modificada).
- Lente gran angular (14-24 mm) con apertura rápida (f/2.8 o menor).
- Trípode robusto para mayor estabilidad.
- Disparador remoto o temporizador para evitar vibraciones.

Ubicación ideal:

- Zona con cielos oscuros (Bortle 1-3) lejos de la contaminación lumínica.
- Incluye un paisaje en el encuadre, como montañas, árboles o formaciones rocosas.

Proceso de captura, configuración inicial:

- Ajusta la cámara a modo manual.
- ISO: 1600-3200 (dependiendo del nivel de ruido de tu cámara).
- Tiempo de exposición: 15-30 segundos (utiliza la regla de los 500 para evitar rastros de estrellas).
- Apertura: configura el lente a la apertura máxima para captar más luz.

Técnicas para mejorar la calidad:

- Apilamiento de imágenes: captura múltiples exposiciones de la misma escena y apílalas usando *software* como Sequator o Starry Landscape Stacker para reducir el ruido y mejorar la claridad.
- Balance de blancos: ajusta el balance de blanco a tungsteno o personalízalo para resaltar los colores de la Vía Láctea.

Composición creativa:

- Incluye elementos del paisaje para dar profundidad y contexto a la foto.
- Considera alinear la Vía Láctea con un punto de interés en el horizonte.

Procesado posterior:

- Usa *software* como Lightroom o Photoshop para ajustar el contraste, saturación y reducir el ruido.

Foto de paisaje nocturno con Vía Láctea. Imagen de Kelvin Hennessy (www.astrobin.com/users/Kelvin.Hennessy)

Abajo, aurora boreal al este de Groenlandia. Foto de Peter Hergesheimer (www.astrobin.com/users/pherg)

• Resalta la Vía Láctea mejorando los tonos oscuros y destacando las nebulosas rojizas presentes.

Este enfoque ofrece imágenes vibrantes de paisajes nocturnos con la majestuosidad de la Vía Láctea, incluso para principiantes. Con práctica y atención a los detalles, los resultados pueden ser espectaculares.

Ejemplo de captura y procesado, fotografía de Peter Hergesheimer

Ubicación: fiordo en la remota zona oriental de Groenlandia, a bordo de un pequeño crucero de expedición.
• Condiciones: viento suave, mar en calma y auroras cada vez más brillantes, moviéndose de oeste a este como cortinas ondulantes.
• Desafíos: movimiento lateral del barco anclado debido al viento, dificultando exposiciones largas sin rastros de estrellas.
• Cámara: Sony A7R4 (sin espejo de fotograma completo).
• Objetivo: zoom 16-35 mm f/2.8.
• Trípode: montado en la cubierta del barco.

Parámetros de exposición:
• Tiempo: 4 segundos (ISO 3200).
• Reto: reducir el movimiento de las estrellas causado por el leve balanceo del barco.
• Resultado: aunque muchas tomas presentaban movimiento en las estrellas, esta exposición de 4 segundos logró mantener rastros mínimos y no evidentes.

***Software* utilizado:**
• Lightroom: para estirar la imagen, aumentar exposición y sombras, y dar definición a las montañas.
• Photoshop: eliminación de rastros de satélites, reducción de ruido con RC Astro NoiseXterminator, y limpieza manual de píxeles calientes.

Pruebas adicionales:
• RC Astro BlurXterminator en PixInsight: intento fallido para limpiar rastros de estrellas.

• TopazAI: rechazado debido a la creación de artefactos en las estrellas.

• Desafíos: la ausencia de marcos oscuros complicó la corrección de ruido al forzar la exposición en las sombras.

10.1.2. IMÁGENES PLANETARIAS

Equipo recomendado:

• Telescopio: telescopio de alta resolución con apertura mediana o grande (200 mm o más), como un Maksutov-Cassegrain o un Schmidt-Cassegrain.

• Cámara: cámara planetaria de alta velocidad (como las ZWO ASI o QHY) para capturar vídeos en alta frecuencia.

Filtros:

• Filtros de banda estrecha (IR, UV o metano) para resaltar detalles específicos.

• Filtros RGB para capturas en color, ideal con rueda de filtros.

• Barlow: una lente Barlow de 2x o 3x para aumentar la ampliación y capturar detalles más finos.

Preparación del equipo:

• Asegúrate de que el telescopio esté correctamente colimado para maximizar la nitidez.

• Realiza una alineación precisa de la montura con el polo celeste para mantener el planeta en el campo de visión.

Configuración de captura:

• Exposición: ajusta el tiempo de exposición para evitar la sobreexposición del disco planetario.

• Frecuencia de Fotogramas: configura la cámara para capturar vídeos de alta velocidad (50-200 fps),

minimizando los efectos de la turbulencia atmosférica.

• Ganancia: aumenta la ganancia para capturar más luz sin saturar los detalles.

Captura del vídeo:

• Graba vídeos de 2-5 minutos (dependiendo de la velocidad de rotación del planeta).

• Usa *software* como FireCapture o SharpCap para optimizar la captura y centrar el planeta automáticamente.

Apilamiento de fotogramas:

• Utiliza *software* como AutoStakkert! o RegiStax para seleccionar y apilar los mejores fotogramas del vídeo, eliminando los efectos de la turbulencia atmosférica.

Procesamiento de detalles:

• Mejora la nitidez con herramientas de *wavelets* en RegiStax o mediante deconvolución en PixInsight.

• Ajusta el contraste, la saturación y los colores para resaltar características como bandas de Júpiter, anillos de Saturno o casquetes polares de Marte.

Consejos adicionales:

• Realiza la captura cuando el planeta esté más alto en el cielo para minimizar los efectos de la atmósfera.

• Observa las condiciones de *seeing* antes de planificar la sesión: un *seeing* estable es crucial para detalles nítidos.

• Experimenta con filtros IR para capturar detalles atmosféricos en planetas como Júpiter y Saturno.

Con este método, podrás obtener imágenes espectaculares de planetas, mostrando detalles impresionantes de su atmósfera, anillos y otras características únicas.

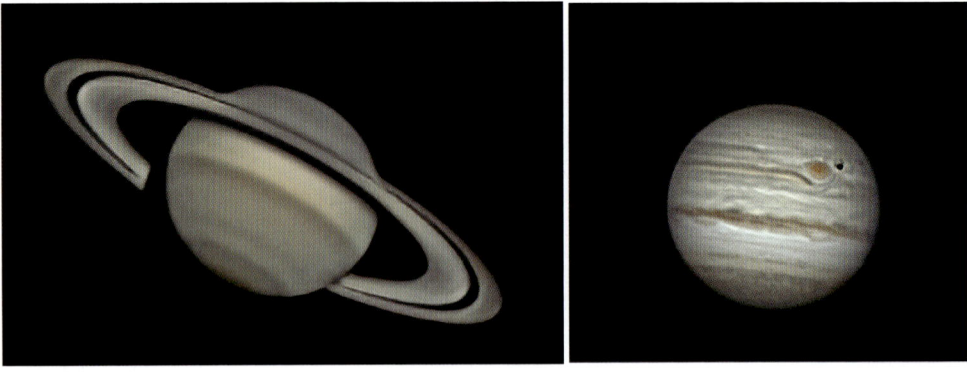

A la izquierda, saturno, fotografía de Eduardo Francés (AAA). Derecha, júpiter en eclipse por Europa, fotografía de Eduardo Francés (AAA)

10.1.3. ASTROFOTOGRAFÍA DE CIELO PROFUNDO

Equipo recomendado:

• Telescopio: refractor apocromático (ideal para nitidez) o telescopio reflector con relación focal baja (f/4 o f/5) para capturar más luz.

• Cámara: cámara astronómica CCD o CMOS, refrigerada para reducir ruido térmico durante exposiciones largas.

NGC 7000, nebulosa Norteamérica. Imagen de Félix Juste

Filtros:

- LRGB: Para capturar imágenes en color combinando luminancia y colores RGB.
- Banda estrecha: Hα, OIII y SII para resaltar detalles específicos en nebulosas y minimizar la contaminación lumínica.

Montura: montura ecuatorial motorizada de alta precisión, con autoguiado para largas exposiciones sin errores de seguimiento.

Accesorios adicionales: enfocador automático, divisor óptico o telescopio guía.

Preparación inicial:

- Realiza una alineación polar precisa para garantizar un seguimiento estable.
- Colima el telescopio (si es reflectante) y asegura un enfoque nítido con una máscara de Bahtinov o un sistema automático.

Configuración de captura:

- Tiempo de exposición: ajusta según el brillo del objeto y las condiciones del cielo (de 3 a 10 minutos por toma).
- Número de exposiciones: captura múltiples tomas para mejorar la relación señal/ruido mediante apilamiento.
- ISO o ganancia: configura según la sensibilidad de la cámara, equilibrando detalle y ruido.

Técnicas para maximizar la calidad:

- Utiliza autoguiado para corregir errares menores en tiempo real durante largas exposiciones. Captura *calibration frames* (*Darks*, *Flats*, *Bias*) para corregir defectos del sensor y viñeteo.

Calibración y apilamiento:

- Usa *software* como DeepSkyStacker, PixInsight o Astro Pixel Processor para combinar y apilar imágenes. Esto reduce el ruido y aumenta los detalles del objeto capturado.

Ajustes de imagen:

- Realiza estirado de histograma para resaltar estructuras tenues en galaxias y nebulosas.
- Ajusta colores, contraste y saturación para un balance visual adecuado.
- Eliminación de artefactos:

Usa herramientas de reducción de ruido y corrección de gradientes para mejorar la claridad y limpieza de la imagen.

Consejos adicionales:

• Selecciona objetos brillantes para empezar, como la nebulosa de Orión o Andrómeda, y avanza a objetos más débiles conforme ganes experiencia.

• Prioriza cielos oscuros o utiliza filtros de banda estrecha para mitigar la contaminación lumínica.

• Tómate tiempo para el procesamiento: gran parte de la magia ocurre después de la captura.

Este enfoque equilibrado te permitirá capturar imágenes espectaculares de galaxias, cúmulos y nebulosas, destacando la majestuosidad del cielo profundo en todo su esplendor.

Los Pilares de la Creación en M16. Imagen de Félix Juste

10.2. Análisis detallado de imágenes. De la captura al producto final

1. Selección del objetivo y planificación

Elección del objeto:

- Considera factores como la magnitud aparente (brillo), el tamaño angular y su ubicación en el cielo.
- Prioriza objetos altos en el horizonte para minimizar los efectos de la atmósfera.
- Comienza con objetivos brillantes y visibles desde tu ubicación, como la nebulosa de Orión o la galaxia de Andrómeda.

Planificación de la sesión:

- Usa *software* de planetario como Stellarium, Telescopius o SkySafari para determinar el momento óptimo de captura, considerando el tránsito del objeto por el meridiano y la posición de la Luna.
- Verifica las condiciones meteorológicas y de *seeing* con aplicaciones como Meteoblue.

2. Captura de imágenes

Configuración de la cámara:

- Ajusta la exposición y la ganancia según el brillo del objeto y las condiciones del cielo.
- Configura el balance de blancos (solo cámaras reflex) para resaltar los colores naturales del objeto.
- Usa autoguiado para largas exposiciones, asegurando un seguimiento preciso.

Tomas de calibración:

- *Dark frames*: captura para eliminar el ruido térmico.
- *Flat frames*: corrige viñeteo y motas de polvo en el sistema óptico.
- *Bias frames*: compensa el ruido de lectura del sensor.
- Organiza estas tomas para integrarlas en el procesamiento final y garantizar imágenes limpias y equilibradas.

3. Procesamiento de imágenes

Apilamiento de imágenes:

• Usa *software* especializado como DeepSkyStacker o PixInsight para alinear y combinar tus imágenes.

• Este proceso mejora la relación señal/ruido, resaltando estructuras y detalles tenues.

Posprocesamiento:

• Estirado de histograma: amplía los niveles de brillo para hacer visibles las partes más tenues del objeto.

• Eliminación de gradientes: corrige artefactos como la contaminación lumínica o viñeteo usando

herramientas específicas en PixInsight, Photoshop o Astro Pixel Processor.

• Ajustes de color: realza los colores naturales del objeto para resaltar su belleza y características únicas.

• Reducción de ruido: Aplica técnicas para limpiar la imagen sin perder detalles importantes.

4. Producto final

El resultado es una imagen que captura no solo la belleza del objeto astronómico, sino también su riqueza de detalles. Este proceso estructurado asegura una alta calidad visual y científica en tus imágenes, convirtiendo datos crudos en auténticas obras de arte del cielo.

10.3. Errores comunes y cómo evitarlos

1. Subexposición de imágenes

Causa:

• Exposición insuficiente debido a tiempos cortos de captura o ajustes inadecuados de sensibilidad (ISO o ganancia).

Resultado:

• Imágenes oscuras con detalles celestes poco definidos.

Solución:

• Aumenta el tiempo de exposición: extiende la duración de las capturas individuales para recolectar más luz.

• Optimiza el ISO o la ganancia: ajusta la sensibilidad de la cámara para equilibrar ruido y detalle, dependiendo de las condiciones del cielo.

• Apilamiento de imágenes: captura múltiples tomas y apílalas para mejorar la relación señal/ruido sin necesidad de una única exposición prolongada.

2. Vibraciones en la imagen

Causa:

• Movimientos durante la captura, ya sea por tocar la cámara, ráfagas de viento o un trípode inestable.

Resultado:

• Estrellas deformadas o imágenes borrosas.

Solución:

• Disparador remoto o temporizador: evita tocar la cámara al iniciar la captura.

• Mejora la estabilidad del trípode: utiliza un trípode robusto y añade peso (como una bolsa de arena) para anclarlo.

• Selecciona noches calmadas: planifica tus sesiones en condiciones climáticas estables para minimizar el impacto del viento.

3. Problemas de enfoque

Causa:

• Enfoque inicial incorrecto o desajustes debido a cambios de temperatura durante la sesión.

Resultado:

• Estrellas borrosas y pérdida de detalles finos en el objeto.

Solución:

• Verifica el enfoque regularmente: comprueba el enfoque cada cierto tiempo, especialmente si hay variaciones de temperatura.

• Herramientas de enfoque asistido: utiliza una máscara de Bahtinov, un autofoco o una herramienta de asistencia en el *software* para garantizar un enfoque preciso.

• Deja que el equipo se estabilice: antes de capturar, espera a que el telescopio y la cámara alcancen el equilibrio térmico.

Estos errores son comunes, incluso entre fotógrafos experimentados, pero pueden evitarse con planificación y atención al detalle. Adoptar estas soluciones te permitirá mejorar significativamente la calidad de tus imágenes astronómicas, asegurando resultados más consistentes satisfactorios.

10.4. Los objetos de cielo profundo más fotografiados

Dificultades de los catálogos de objetos del espacio profundo (DSO)

Al explorar los catálogos más populares de objetos del espacio profundo, es importante tener en cuenta los diferentes niveles de dificultad que presentan, según el tipo de objetos incluidos y sus características.

A pesar de las diferencias en dificultad, todos estos catálogos pueden capturarse con un equipo amateur adecuado. Se recomienda configurar con distancias focales de 350 mm o superiores, dependiendo del tamaño y la naturaleza del objeto que se desee capturar.

A continuación, se describen las principales diferencias entre algunos de los catálogos más conocidos.

1. Catálogo Messier

Este es el catálogo más accesible y recomendado para principiantes, ya que incluye muchos de los objetos más brillantes y fáciles de observar y fotografiar. Es ideal para quienes están comenzando en la astrofotografía. El astrónomo francés Charles Messier realizó en cuatro años un impresionante trabajo que dio lugar a un catálogo de referencia que lleva su nombre:

El Catálogo Messier es una lista de 110 objetos astronómicos confeccionada por el astrónomo francés Charles Messier y publicada originalmente (103 entradas) entre 1774 y 1781. Su título formal es *Catálogo de Nebulosas y Cúmulos de Estrellas, que se observan entre las estrellas fijas sobre el horizonte de París.*

Messier se dedicaba a la búsqueda de cometas, y la presencia de objetos difusos fijos en el cielo le resultaba un problema, pues podían confundirse con aquellos en los telescopios de su tiempo. Por este motivo decidió él mismo armar una lista que le simplificara el trabajo, y contaría con la ayuda de Pierre Méchain en su parte final.

Su catálogo resultó una reunión de objetos astronómicos de naturaleza muy diferente, como nebulosas, cúmulos de estrellas abiertos y globulares, y galaxias… Dado que Messier vivía en Francia, la lista contiene objetos visibles sobre todo desde el hemisferio norte. La primera edición del catálogo (1774) incluía solo 45 objetos (M1 a M45); un primer suplemento (1780) adicionaba las entradas M46 a M70, y la lista final de Messier (1781) incluía hasta M103. Más de un siglo después, otros astrónomos, usando notas en los textos de Messier, extendieron la lista hasta 110, que es el número final (M1 a M110). Muchos de estos objetos siguen siendo conocidos por su número en el catálogo Messier, otros son más conocidos por su número en el catálogo NGC (New General Catalogue; https://es.wikipedia.org/wiki/Catálogo_Messier; licencia CC BY-SA 4.0).

2. Catálogo Sharpless

Este catálogo incluye una mezcla de objetos con gran variedad en términos de tamaño y brillo. Representa un desafío interesante para astrofotógrafos con algo más de experiencia: El Catálogo Sharpless es una exhaustiva lista de 313 regiones HII (nebulosas de emisión), realizada principalmente al norte de la declinación -27° (aunque también incluye algunas nebulosas situadas al sur de esta declinación), incluidas en el Catálogo Gum. La primera versión de este catálogo fue publicada en 1953 por el astrónomo estadounidense Stewart Sharpless con 142 objetos catalogados como «Sh1» y la segunda (y última) versión fue publicada en 1959 con 313 objetos conocidos como «Sh2» (https://es.wikipedia.org/wiki/Cat%C3%A1logo_Sharpless).

3. Catálogo vdB (van den Bergh)

Toma el nombre del holandés Sidney van den Bergh (1929), conocido por su actividad como astrónomo aficionado en la predicción de eclipses en ciclos largos. Principalmente compuesto por nebulosas de reflexión pequeñas, este catálogo requiere generalmente cielos oscuros para obtener buenos resultados. Es ideal para astrofotógrafos avanzados en busca de retos técnicos y artísticos.

4. Catálogo Caldwell

Otro ejemplo histórico de tesón es el de Patrick Caldwell-Moore, inalcanzable cazador de lo invisible. Este catálogo es un poco más desafiante, ya que abarca objetos visibles en ambos hemisferios. Esto significa que muchos astrofotógrafos no podrán capturar algunos de los objetos dependiendo de su ubicación geográfica. Además, incluye varios objetos bastante pequeños, lo que añade dificultad, aunque también contiene algunos objetos grandes y brillantes.

El Catálogo Caldwell es un catálogo astronómico de 109 de los más brillantes cúmulos estelares, nebulosas y galaxias para ser observados por astrónomos aficionados. La lista es obra de Patrick Caldwell-Moore, y su intención era servir como complemento del Catálogo Messier.

Publicado en la revista *Sky and Telescope* en diciembre de 1995, el Catálogo Messier es usado frecuentemente por astrónomos aficionados como una lista de interesantes objetos del espacio profundo para observar a simple vista, pero Caldwell-Moore observó que esa lista no incluía muchos de los objetos más brillantes del cielo, como las Híades, el Cúmulo Doble de Perseo (NGC 869 y NGC 884) y la Galaxia de la Moneda de Plata. Además, Caldwell-Moore observó que el Catálogo Messier, cuya confección se había basado en observaciones del cielo del hemisferio norte, excluía objetos visibles en el cielo del hemisferio sur, como Omega del Centauro, Centauro A, El Joyero y 47 del Tucán. Rápidamente, elaboró una lista de 109 objetos (para igualar el número de ellos en el Catálogo Messier) y la publicó en la revista *Sky & Telescope* en diciembre de 1995 (https://es.wikipedia.org/wiki/Cat%C3%A1logo_Caldwell; licencia CC BY-SA 4.0).

MESSIER CATALOG

The Messier Catalog is a list of 110 astronomical objects published by the French astronomer Charles Messier in his *Catalogue des Nébuleuses et des Amas d'Étoiles* (Catalog of Nebulae and Star Clusters) in 1771. Because Messier was only interested in finding comets, he created a list of those non-comet objects that frustrated his hunt for them. As a result, Messier did not include many of the sky's brightest deep-sky objects, and only included objects he could see from Paris. The compilation of this list, in collaboration with his assistant Pierre Méchain, is known as the Messier Catalog.

Object Types: 29 globular clusters | 28 open clusters | 26 spiral galaxies | 9 elliptical galaxies | 3 lenticular galaxies | 2 active galaxies | 6 emission nebulae | 1 reflection nebulae | 4 planetary nebulae | 1 supernova remnant | 1 star cloud

Collection of Messier's Objects [April 2024]
© 2020-2024 Nicolas Large – https://www.astrobin.com/users/Nicolarge/

Charles Messier (1730 – 1817)

Catálogo Messier, impresionante trabajo realizado en cuatro años.
Imagen de Nicolas Large (www.astrobin/user/Nicolarge)

CALDWELL CATALOG

The Caldwell Catalog is a list of 109 deep-sky objects published by Sir Patrick Caldwell-Moore in 1995 as a complement to the most famous Messier Catalog. The Messier Catalog was never intended to be a list of the best objects in the sky to observe, but as a list of objects to avoid when looking for comets. As a result, Messier did not include many of the sky's brightest deep-sky objects, and only included objects he could see from Paris. The Caldwell Catalog includes the best and most interesting objects which are not on Messier's list, covering the entire sky. The Caldwell objects are listed in order of declination from North (C1 is +85°) to South (C109 is -81°).

Object Types: 22 spiral galaxies | 4 elliptical galaxies | 3 irregular galaxies | 2 active galaxies | 2 dwarf spheroidal galaxies | 2 lenticular galaxies | 25 open clusters | 18 globular clusters | 13 planetary nebulae | 9 emission nebulae | 2 reflection nebulae | 2 supernova remnants | 1 dark nebula

♦♦♦

Collection of Caldwell's Objects [December 2024]
© 2020-2024 Nicolas Large – https://www.astrobin.com/users/Nicolarge/

Sir Patrick Caldwell-Moore (1923 – 2012)

Catálogo Caldwell, incansable cazador de lo invisible.
Imagen de Nicolas Large (www.astrobin/user/Nicolarge)

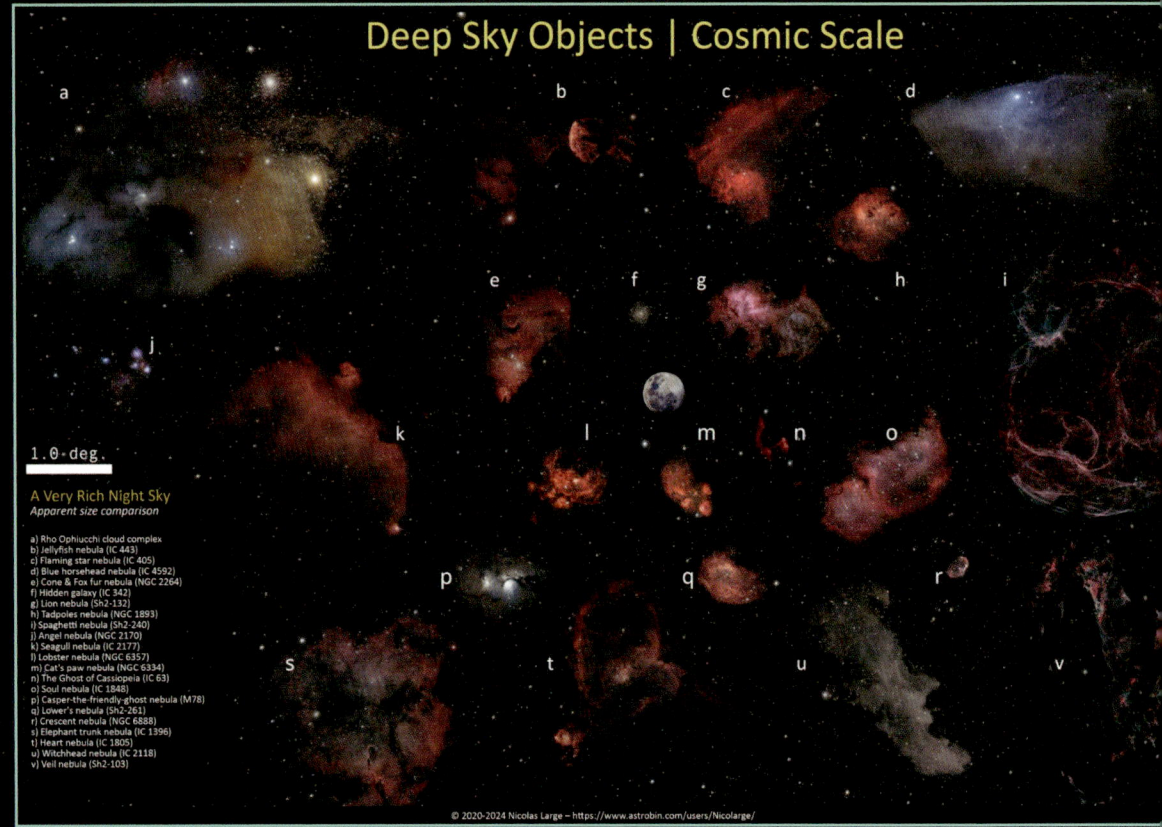

Deep Sky Objects | Cosmic Scale

1.0·deg.

A Very Rich Night Sky
Apparent size comparison

a) Rho Ophiucchi cloud complex
b) Jellyfish nebula (IC 443)
c) Flaming star nebula (IC 405)
d) Blue horsehead nebula (IC 4592)
e) Cone & Fox fur nebula (NGC 2264)
f) Hidden galaxy (IC 342)
g) Lion nebula (Sh2-132)
h) Tadpoles nebula (NGC 1893)
i) Spaghetti nebula (Sh2-240)
j) Angel nebula (NGC 2170)
k) Seagull nebula (IC 2177)
l) Lobster nebula (NGC 6357)
m) Cat's paw nebula (NGC 6334)
n) The Ghost of Cassiopeia (IC 63)
o) Soul nebula (IC 1848)
p) Casper-the-friendly-ghost nebula (M78)
q) Lower's nebula (Sh2-261)
r) Crescent nebula (NGC 6888)
s) Elephant trunk nebula (IC 1396)
t) Heart nebula (IC 1805)
u) Witchhead nebula (IC 2118)
v) Veil nebula (Sh2-103)

En estas páginas, dos montajes para apreciar el tamaño relativo de objetos de cielo profundo en comparación con la Luna. Imágenes de Nicolas Large (www.astrobin/user/Nicolarge)

Deep Sky Objects | Cosmic Scale

deg.

ery Rich Night Sky
rent size comparison

Pleiades (M45)
phin head nebula (Sh2-308)
at Orion nebula (M42)
unning man nebula (NGC 1977)
ne nebula (NGC 2024)
orsehead nebula (IC 434)
ette nebula (NGC 2237)
d nebula (M20)
o nebula (M1)
ngulum galaxy (M33)
romeda galaxy (M31)
t Sagittarius star cluster (M22)
g nebula (M57)
n nebula (M17)
at Hercules star cluster (M13)
x nebula (NGC 7293)
nbbell nebula (M27)
th America nebula (NGC 7000)
irlpool galaxy (M51)
wheel galaxy (M101)
ble cluster of Perseus (NGC 869, NGC 884)
e nebula & the pillars of creation (M16)
lifornia nebula (NGC 1499)
's (M81) & Cigar (M82) galaxies
oon nebula (M8)

Conocimiento del objeto a fotografiar

Podemos distinguir diferentes tipos de objetos de cielo profundo y sus características.

1. Nebulosas: nubes de gas y polvo interestelar donde se forman estrellas o donde las estrellas han terminado su ciclo de vida. Subtipos:

- Nebulosas de emisión: emiten luz por la ionización del hidrógeno (Ejemplo: nebulosa de Orión, M42).
- Nebulosas de reflexión: reflejan la luz de estrellas cercanas (Ejemplo: nebulosa Cabeza de Caballo).

A la izquierda, la Cabeza de Bruja, NGC 1909 es una nebulosa de reflexión muy tenue. Requiere mucho tiempo de integración y cielos muy oscuros. Imagen de Nicolas Large (www.astrobin.com/user/Nicolarge). Derecha, SH 2-106, región de formación estelar de las comúnmente llamadas «guardería de estrellas», en la constelación de Cygnus. Imagen ESA/Hubble

- Nebulosas oscuras: bloquean la luz de estrellas detrás de ellas (Ejemplo: nebulosa del Saco de Carbón).
- Nebulosas planetarias: restos de estrellas moribundas (Ejemplo: nebulosa del Anillo, M57).
- Remanentes de supernova: residuos de explosiones estelares (Ejemplo: nebulosa del Velo).

Características clave: muchas muestran emisiones de hidrógeno alfa, oxígeno III o azufre II, que pueden capturarse con filtros de banda estrecha.

2. Cúmulos estelares: agrupaciones de estrellas que pueden estar físicamente unidas por la gravedad o simplemente alineadas en el cielo. Subtipos:

- Cúmulos abiertos: grupos jóvenes y dispersos (ejemplo: Pléyades, M45).
- Cúmulos globulares: grupos densos y antiguos con cientos de miles de estrellas (ejemplo: M13, en   ).

Características clave: los cúmulos globulares suelen ser más difíciles de resolver por su densidad; los abiertos destacan mejor en cielos oscuros.

3. Galaxias: sistemas masivos de estrellas, gas, polvo y materia oscura unidos por la gravedad. Subtipos:

- Galaxias espirales: discos planos con brazos espirales (ejemplo: Galaxia de Andrómeda, M31).
- Galaxias elípticas: sin estructura definida, con forma ovalada (ejemplo: M87).
- Galaxias irregulares: sin forma consistente, a menudo caóticas (ejemplo: NGC 6822).

Características clave: las galaxias requieren tiempos de exposición largos y cielos oscuros debido a su bajo brillo superficial.

4. Aglomeraciones de galaxias (cúmulos de galaxias): conjuntos de galaxias unidas gravitacionalmente. Ejemplo: el cúmulo de Virgo, con galaxias como M87, M86 y M84.

Características clave: son objetivos complejos que a menudo requieren telescopios de gran apertura y técnicas avanzadas de apilado.

5. Regiones HII: áreas ricas en hidrógeno ionizado, donde nacen estrellas. Ejemplo: nebulosa de la Laguna, M8.

Características clave: son visibles con filtros de banda estrecha.

M17-Nebulosa Omega.
Foto de Félix Juste

Las nebulosas de reflexión son aquellas que brillan al reflejar la luz de estrellas cercanas, en lugar de emitir luz propia como las nebulosas de emisión. Aquí tienes algunos ejemplos de nebulosas de reflexión famosas:

1. Nebulosa de la Cabeza de Caballo (Barnard 33): en la constelación de Orión, esta famosa nebulosa oscura se ve junto a la nebulosa de reflexión IC 434, que ilumina su contorno.

2. Nebulosa de la Llama (NGC 2024): también en Orión, esta nebulosa tiene regiones de emisión y de reflexión y está cerca de Alnitak, una de las estrellas del cinturón de Orión.

3. Nebulosa de las Pleyades (M45): en el cúmulo de Las Pléyades, en la constelación de Tauro, una nebulosa de reflexión azulada rodea a varias estrellas del cúmulo. Este color se debe a la luz estelar reflejada en partículas de polvo.

4. Nebulosa Iris (NGC 7023): ubicada en la constelación de Cefeo, esta nebulosa refleja la luz de una estrella central, mostrando un característico color azul y estructuras de polvo oscuro.

5. Nebulosa de la Trompa de Elefante (IC 1396): en Cefeo, es una nebulosa compleja que incluye regiones de emisión, absorción y reflexión, y es conocida por su forma distintiva.

6. Nebulosa M78: esta nebulosa de reflexión se encuentra en la constelación de Orión y es una de las más brillantes de su tipo, reflejando la luz de varias estrellas jóvenes.

7. Nebulosa Trífida (M20): aunque es conocida por tener componentes de emisión, absorción y reflexión, la nebulosa Trífida (en la constelación de Sagitario) es un buen ejemplo de una nebulosa que combina estos tres tipos, con una sección azulada de reflexión.

Estas nebulosas requieren condiciones adecuadas para observarlas y pueden ser desafiantes en cielos con alta contaminación lumínica, ya que su brillo es mucho menor en comparación con las nebulosas de emisión.

Nebulosas de emisión

Las nebulosas de emisión son regiones donde el gas ionizado, principalmente hidrógeno, emite luz visible debido a la radiación ultravioleta de estrellas cercanas, generalmente estrellas jóvenes y calientes. Aquí tienes algunos ejemplos de nebulosas de emisión famosas.

1. Nebulosa de Orión (M42): una de las nebulosas de emisión más brillantes y famosas, ubicada en la constelación de Orión. Es visible a simple vista y es una región activa de formación estelar.

2. Nebulosa de la Laguna (M8): situada en la constelación de Sagitario, es una gran nebulosa de emisión y una región de formación estelar activa, visible a simple vista en cielos oscuros.

3. Nebulosa del Águila (M16): conocida por la famosa estructura de los Pilares de la Creación, se encuentra en la constelación de Serpens. Es una región de formación estelar, popular en imágenes de telescopios espaciales.

4. Nebulosa de la Trífida (M20): también en Sagitario, es una combinación de nebulosa de emisión y reflexión. La sección de emisión es la parte rojiza, causada por la excitación de los gases.

5. Nebulosa del Cisne (M17) o nebulosa Omega: ubicada en la constelación de Sagitario, es conocida por sus nubes de gas hidrógeno brillantes, que forman estructuras complejas y llamativas.

6. Nebulosa de la Roseta (NGC 2237): situada en la constelación de Monoceros, esta nebulosa tiene una forma distintiva de roseta y es una gran región de formación estelar.

7. Nebulosa del Velo (NGC 6960 y NGC 6992): un remanente de supernova en la constelación de Cygnus, esta nebulosa muestra filamentos de gas ionizado y es famosa por sus detalles en H-alpha y OIII.

8. Nebulosa de California (NGC 1499): llamada así por su parecido con la forma de California, se encuentra en la constelación de Perseo y es una gran nebulosa de emisión.

9. Nebulosa de la Burbuja (NGC 7635): en la constelación de Casiopea, esta nebulosa de emisión es una burbuja de gas ionizado creada por el viento estelar de una estrella masiva.

10. Nebulosa del Corazón (IC 1805) y nebulosa del Alma (IC 1848): en la constelación de Casiopea, son dos nebulosas de emisión que suelen fotografiarse juntas debido a su proximidad y su apariencia complementaria.

Estas nebulosas de emisión destacan especialmente en imágenes con filtros de banda estrecha, como H-alpha, OIII y SII, debido a la alta concentración de gas ionizado en longitudes de onda específicas.

Nebulosas de absorción

Las nebulosas de absorción, también conocidas como nebulosas oscuras, son nubes densas de gas y polvo que bloquean la luz de las estrellas y objetos situados detrás de ellas. Se ven como áreas oscuras o siluetas en el cielo debido a la absorción de la luz visible. Aquí tienes algunos ejemplos de nebulosas de absorción:

1. Nebulosa Cabeza de Caballo (Barnard 33): situada en la constelación de Orión, es una de las nebulosas oscuras más icónicas debido a su forma distintiva, que se asemeja a la cabeza de un caballo. Se ve en silueta contra la nebulosa de emisión IC 434.

2. Nebulosa Saco de Carbón: ubicada en la constelación de la Cruz del Sur, es una de las nebulosas oscuras más visibles a simple vista desde el hemisferio sur. Aparece como una mancha oscura en la Vía Láctea.

3. Nebulosa de la Pipa (LDN 1773): en la constelación de Ofiuco, esta nebulosa se llama así por su forma de pipa de fumar. Es fácilmente visible como una zona oscura en medio de las densas estrellas de la Vía Láctea.

4. Nebulosa del Caballo Oscuro: ubicada en la constelación de Escorpio, es una gran nube de polvo que se extiende sobre varias áreas de la Vía Láctea, mostrando varias estructuras oscuras que destacan contra el fondo estrellado.

5. Nebulosa de la Serpiente (Barnard 72): en la constelación de Ofiuco, tiene una forma distintiva que parece una serpiente enroscada. Es una región de gas y polvo oscuro que bloquea la luz de las estrellas detrás de ella.

NGC 6883, en la constelación de Cygnus. Foto de Félix Juste

Nebulosa IC 434-Cabeza de Caballo y La Flama. Foto de Ramón Salvador, procesada por Félix Juste en el Taller de procesado de Pixinsight en la Agrupación Astronómica Aragonesa

6. Nebulosa del Manto Fantasma: situada en la constelación de Casiopea, esta nebulosa oscura bloquea la luz de las estrellas de fondo, creando una estructura fantasmagórica en el cielo.

7. Nebulosa de LDN 1622: también conocida como la nebulosa de la Cabeza de Tiburón, se encuentra en la constelación de Orión y es una nube oscura visible en contraste con las regiones circundantes iluminadas.

8. Nebulosa Barnard 68: ubicada en la constelación de Ofiuco, es una pequeña pero densa nebulosa oscura que parece una mancha oscura en el cielo. Es un ejemplo de una nebulosa de absorción compacta.

9. Nebulosa del Ojo de la Bruja (LDN 183): situada en la constelación de Serpens, es una nube oscura que bloquea la luz de las estrellas detrás de ella, creando una silueta en el cielo.

Estas nebulosas oscuras se observan mejor en regiones densas de estrellas, como la Vía Láctea, donde su contraste es más evidente. La astrofotografía de estas nebulosas puede ser un desafío, ya que dependen de la silueta que crean contra un fondo estrellado iluminado.

Galaxias fáciles de fotografiar

1. Galaxia de Andrómeda (M31). Constelación: Andrómeda.

Es la galaxia más grande y brillante visible desde la Tierra, fácil de capturar incluso con exposiciones cortas. Sus detalles (núcleo, brazos y satélites M32 y M110) se realzan con un telescopio o cámara con buen campo de visión.

2. Galaxia del Triángulo (M33). Constelación: Triángulo.

Es extensa y moderadamente brillante. Ideal para telescopios de campo amplio como refractores con relación focal entre f/5 y f/6.

3. Galaxia del Remolino (M51). Constelación: Canes Venatici.

Su forma espiral interactuando con su compañera la hace muy fotogénica. Requiere cielos oscuros para captar los brazos en detalle.

4. Galaxia de Bode (M81) y Galaxia del Cigarro (M82). Constelación: Osa Mayor.

Son brillantes y están muy cerca una de la otra, lo que permite capturarlas juntas en una sola imagen con un campo amplio.

5. Galaxia del Sombrero (M104). Constelación: Virgo.

Es compacta y su núcleo brillante es fácil de capturar. El característico borde oscuro se ve bien con exposiciones moderadas.

6. Galaxia de los Molinillos (M101). Constelación: Osa Mayor.

Es una espiral grande y brillante. Ideal para capturar detalles con suficiente tiempo de integración.

7. Grupo de Leo (M65, M66, y NGC 3628). Constelación: Leo.

Este triplete de galaxias es compacto y brillante, ideal para capturar las tres en una sola imagen.

Cúmulos estelares fáciles de fotografiar

1. Cúmulo de las Pléyades (M45). Constelación: Tauro.

Visible a simple vista, su nebulosidad azulada es fácil de resaltar con tiempos de exposición moderados.

2. Cúmulo del Pesebre (M44). Constelación: Cáncer.

Es un cúmulo abierto brillante y extenso, ideal para cámaras con campo amplio.

3. Cúmulo Doble de Perseo (NGC 869 y NGC 884). Constelación: Perseo.

Dos cúmulos abiertos brillantes, muy juntos, visibles incluso en cielos suburbanos.

4. Cúmulo de Hércules (M13). Constelación: Hércules.

Es uno de los cúmulos globulares más brillantes y definidos. Fácil de fotografiar y procesar.

5. Cúmulo de Ptolomeo (M7). Constelación: Escorpio.

Es un cúmulo abierto muy brillante, perfecto para cielos despejados en verano.

6. Cúmulo de la Mariposa (M6). Constelación: Escorpio.

Brillante y con una forma distintiva, ideal para telescopios de focal corta.

7. Cúmulo de la Laguna (M8). Constelación: Sagitario.

Aunque también incluye una nebulosa, el cúmulo estelar central es brillante y fácil de fotografiar.

8. Cúmulo del Pato Salvaje (M11): Constelación: Scutum.

Por qué es fácil: Un cúmulo abierto compacto y brillante, ideal para telescopios pequeños.

M51 - Galaxia del Remolino. Imagen de Félix Juste

M31 - Galaxia de Andrómeda. Imagen de Félix Juste

9. Cúmulo de las Híades: Constelación: Tauro.

El cúmulo abierto más cercano a la Tierra, visible a simple vista y fácil de capturar con campo amplio.

10. Cúmulo de Canis Major (NGC 2362): Constelación: Can Mayor.

Compacto y brillante, con la estrella Tau Canis Majoris como punto destacado.

Consejos para capturarlos

- Galaxias: usar un filtro de banda ancha para reducir la contaminación lumínica sin alterar los colores.
- Cúmulos: puedes fotografiarlos sin filtro o con un filtro UHC si quieres mejorar el contraste en cielos moderadamente contaminados.

Estas opciones son ideales para practicar y obtener imágenes impresionantes con un equipo modesto.

M5, el cúmulo Rosa. Foto de Félix Juste

10.5. Retos para practicar

Retos de fotografía de paisaje nocturno

1. La Vía Láctea sobre un paisaje emblemático:

• https://www.astrobin.com/users/CarlosSagan/ el arco de la Vía Láctea sobre un paisaje característico de tu región (montañas, lagos o edificios históricos).

• Nivel avanzado: integra un elemento de primer plano iluminado artificialmente (*light painting*).

2. Circumpolares:

• Fotografía estrellas en movimiento alrededor de la estrella polar con exposiciones largas.

• Nivel avanzado: combina una composición que incluya un elemento llamativo en el centro.

3. Luna creciente junto a un paisaje:

• Fotografía la fina luna creciente junto a un árbol, edificio o colina.

• Nivel avanzado: incluye la luz ceniciente (iluminación de la parte oscura de la Luna).

4. Combinación de astrofotografía y paisaje urbano:

• Captura un rastro de estrellas sobre una ciudad iluminada.

• Nivel avanzado: minimiza la contaminación lumínica destacando tanto las estrellas como los edificios.

5. La Vía Láctea reflejada en agua:

• Encuentra un lago, río o mar para capturar el reflejo del cielo nocturno.

• Nivel avanzado: utiliza un filtro para reducir la contaminación lumínica y resaltar los detalles.

Retos de fotografía planetaria

1. Júpiter y sus lunas:

• Fotografía Júpiter con suficiente detalle para distinguir sus bandas y sus lunas principales (Io, Europa, Ganímedes y Calisto).

Fotografías de Kelvin Hennessy (www.astrobin.com/users/pherg)

• Nivel avanzado: captura la Gran Mancha Roja o algún tránsito de las lunas.

2. Saturno y sus anillos:

• Captura la estructura de los anillos de Saturno.

• Nivel avanzado: intenta resaltar divisiones en los anillos (como la División de Cassini).

3. Marte en oposición:

• Captura el disco de Marte durante su oposición, cuando está más cerca de la Tierra.

• Nivel avanzado: intenta distinguir detalles de su superficie como el casquete polar.

4. La Luna llena:

• Captura la Luna llena con el mayor detalle posible.

• Nivel avanzado: fotografía mosaicos lunares combinando varias imágenes para captar detalles de alta resolución.

5. Conjunciones planetarias:

• Fotografía una conjunción entre dos planetas o entre un planeta y la Luna.

• Nivel avanzado: crea una composición que incluya un paisaje en primer plano.

Practica con estos ejemplos

Flujo de trabajo para capturar la nebulosa de Orión (M42)

La nebulosa de Orión es un objeto brillante y accesible, ideal para capturar tanto para principiantes como para astrofotógrafos avanzados. A continuación, detallo un flujo de trabajo organizado, con configuraciones y parámetros específicos para obtener resultados óptimos.

1. Preparativos previos a la sesión:

• Equipo recomendado: telescopio refractor apocromático (como el Skywatcher Evostar 72 ED) o reflector con buena apertura.

• Montura: ecuatorial motorizada y alineada (Star Adventurer GTi o superior).

• Cámara: ZWO ASI 533 MC Pro (o similar).

• Filtros: sin contaminación lumínica (Optolong L-Pro).

• Con contaminación lumínica: Optolong L-eXtreme o L-Ultimate (aunque estas pueden dificultar las zonas más brillantes).

- *Software* de control: Asiair Mini o similar.
- Máscara de Bahtinov: para enfocar con precisión.

2. Configuración del equipo:

- Realiza el balance adecuado del telescopio y contrapesos.
- Alinea la montura ecuatorial (método *polar alignment*).
- Configura el enfocador automático, si está disponible.

3. Configuración de captura:

Objetivo: capturar tanto los detalles brillantes del núcleo (Trapecio) como las nebulosidades más tenues.

Parámetros generales:

- ISO/Gain: Con la ZWO ASI 533 MC Pro: Gain 100 (unidad base, máximo rango dinámico) o Gain 200 para cielos más oscuros.
- Temperatura del sensor: ajustar entre -5 °C y -10 °C, según las condiciones de la noche.
- Duración de las exposiciones: cortas: 5-10 segundos para el núcleo brillante (evitar quemarlo); largas: 2-5 minutos para las nebulosidades externas.
- Cantidad de tomas: núcleo: 50-100 tomas cortas; nebulosidad externa: 30-50 tomas largas.
- *Darks*, *Flats* y *Bias*: captura suficientes calibraciones para cada tipo de exposición.

4. Flujo de captura:

- Enfocado: usa una máscara de Bahtinov para asegurar un enfoque preciso en una estrella brillante cercana a Orión (como Betelgeuse o Rigel).
- Encuadre: centra la nebulosa y ajusta la orientación para incluir M43 si es posible.
- Secuencia de captura: programa exposiciones cortas para el núcleo y largas para la periferia en sesiones separadas.
- Asegúrate de no saturar el núcleo con exposiciones largas.

5. Procesamiento posterior:

- Apilado: apila las tomas cortas y largas por separado en *software* como PixInsight o DSS.
- Integración HDR: usa herramientas como HDR Composition en PixInsight para combinar las exposiciones y equilibrar el rango dinámico.

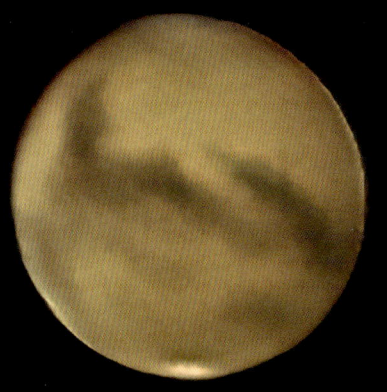

Arriba izquierda, Marte; derecha, Júpiter, fotos de Eduardo Francés.

Centro, Marte con su casquete polar; abajo, Saturno y superficie lunar, fotos de José Alberto Berdejo Cambra

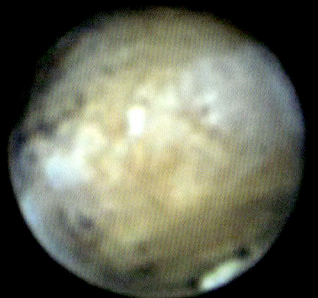

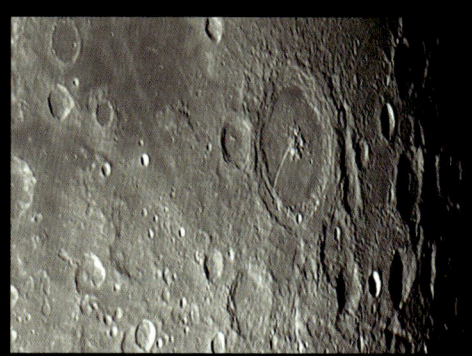

• Posprocesado: reducción de ruido con Multiscale Linear Transform (PixInsight) o NoiseXterminator

• Estirado: Histogram Transformation.

• Resaltado de colores: saturación y curvas de color.

• Realce de detalles: Local Histogram Equalization.

6. Consejos adicionales

• Cielos oscuros: si tienes acceso a cielos con poca contaminación lumínica, evita filtros restrictivos para maximizar el rango dinámico.

• Evita la Luna: captura en noches sin Luna o con la Luna en fases tempranas para evitar contaminación lumínica natural.

• Control del rango dinámico: asegúrate de no quemar el núcleo en ninguna etapa, ya que es muy brillante comparado con las áreas periféricas.

Resultados esperados

• Núcleo: detalles nítidos del Trapecio.

• Nebulosidad externa: captura de tonos rojos y verdes (regiones de H-alpha y OIII).

• Transición suave: un equilibrio visual que muestra la amplitud de la nebulosa de Orión.

M42 La Nebulosa de Orión. Imagen de Félix Justo

Flujo de trabajo y parámetros de captura para las Pléyades (M45)

Las Pléyades son un objetivo impresionante y brillante, famoso por sus nebulosas de reflexión azuladas y su ubicación en un campo estelar rico. Aunque es relativamente fácil de capturar, requiere atención para resaltar las nebulosas sin sobreexponer las estrellas brillantes.

1. Preparativos previos a la sesión:
- Equipo recomendado: telescopio refractor apocromático de amplio campo (Skywatcher Evostar 72 ED) o un objetivo de cámara con focal entre 200-400 mm.
- Montura: ecuatorial motorizada con seguimiento preciso (Star Adventurer GTi o superior).
- Cámara: ZWO ASI 533 MC Pro (o similar, con sensor a color).
- Filtro: para cielos oscuros, sin filtro o con Optolong L-Pro.

Cielos contaminados: filtros de banda ancha como Optolong L-Pro o Baader Neodymium.

2. Configuración del equipo:
- Realiza un alineado polar preciso.
- Equilibra bien el telescopio y contrapesos.
- Configura un enfocador automático o usa una máscara de Bahtinov para enfocar.

3. Configuración de captura

Las Pléyades son brillantes, por lo que no requieren tiempos de exposición excesivamente largos, pero es crucial capturar suficientes detalles en las nebulosas y evitar saturar las estrellas. Parámetros generales:
- ISO/Gain: con la ZWO ASI 533 MC Pro: Gain 100: Para maximizar el rango dinámico. Gain 200: Si hay contaminación lumínica o nebulosas más tenues que quieras resaltar.
- Temperatura del sensor: Ajusta entre -5 °C y -10 °C para reducir el ruido.
- Duración de las exposiciones:

M45 Cúmulo abierto Las Pléyades. Foto de Félix Juste

• Exposiciones estándar: 60–120 segundos para capturar la nebulosidad sin saturar.

• Exposiciones largas (opcional): 180–300 segundos para cielos muy oscuros y nebulosidad más tenue.

• Cantidad de tomas: 50–100 tomas para un tiempo total de integración de 3–5 horas.

• *Darks*, *Flats* y *Bias*: Captura suficientes calibraciones para cada exposición.

4. Flujo de captura

• Enfocado: usa una estrella brillante cerca de las Pléyades para ajustar el enfoque con máscara de Bahtinov.

• Encuadre: las Pléyades son un cúmulo amplio. Asegúrate de encuadrarlas completamente para capturar todas las estrellas principales y las nebulosas circundantes. si usas un telescopio de focal más larga, considera un mosaico para incluir todo el cúmulo.

• Secuencia de captura: programa todas las exposiciones en tu *software* de control (como Asiair Mini), con suficientes tomas para un apilado efectivo.

5. Procesamiento posterior

• Apilado: usa PixInsight o DSS para apilar todas las tomas.

• Posprocesado: para la reducción de ruido aplica Multiscale Linear Transform en PixInsight.

• Estirado del histograma: usa Histogram Transformation para revelar detalles de las nebulosas.

• Realce de las nebulosas: curvas de saturación para intensificar el azul de las nebulosas de reflexión. Realce de contraste en las nebulosas con herramientas como Local Histogram Equalization.

• Control de estrellas: utiliza StarNet++ o una herramienta similar para reducir el brillo excesivo de las estrellas y enfatizar las nebulosas.

6. Consejos adicionales

• Evita la Luna: captura en noches sin Luna o con la Luna en fases tempranas.

• Filtros: evita filtros de banda estrecha como el L-eXtreme, ya que las nebulosas de reflexión no emiten en bandas específicas (H-alpha u OIII).

• Control de gradientes: usa ABE o DBE en PixInsight para eliminar cualquier viñeteo o gradiente.

Resultados esperados:

- Nebulosas: detalles nítidos y ricos en tonos azulados.
- Estrellas: brillantes pero no saturadas, con halos suaves y colores naturales.
- Campo amplio: todas las principales estrellas del cúmulo dentro del encuadre.

Retos de fotografía de cielo profundo

1. Nebulosa de Orión (M42):

- Captura los detalles del núcleo y las estructuras periféricas.
- Nivel avanzado: integra datos de diferentes exposiciones para resaltar tanto el núcleo como las zonas externas.

2. El Doble Cúmulo de Perseo (NGC 869 y NGC 884):

- Fotografía ambos cúmulos en una sola toma.
- Nivel avanzado: resalta los colores de las estrellas (azules y anaranjadas).

3. Andrómeda (M31):

- Captura esta galaxia junto con sus satélites M32 y M110.
- Nivel avanzado: intenta capturar las estructuras de sus brazos exteriores.
- **4. La Luna con detalles del terminador:**
- Fotografía la Luna en su fase creciente o menguante para captar cráteres y sombras en el terminador.
- Nivel avanzado: combina varias imágenes para mejorar la nitidez y el rango dinámico.

5. Las Pléyades (M45):

- Captura el cúmulo con su nebulosidad azulada.
- Nivel avanzado: intenta obtener los detalles más sutiles de la nebulosa sin quemar las estrellas brillantes.

6. El Triplete de Leo (M65, M66, y NGC 3628):

- Fotografía estas tres galaxias en una sola toma.
- Nivel avanzado: intenta destacar las estructuras individuales de cada galaxia.

7. Nebulosa del Velo (NGC 6960 y NGC 6992):

- Captura esta nebulosa en banda estrecha o con un filtro multibanda como el L-eXtreme.
- Nivel avanzado: procesa para destacar los filamentos individuales.

CONSEJOS GENERALES PARA LOS RETOS

Procesamiento

La edición es una etapa esencial en la astrofotografía, ya que permite revelar los detalles ocultos en los datos capturados. A diferencia de otros tipos de fotografía, las imágenes astronómicas suelen ser débiles y carecen de contraste inicial, debido a la naturaleza tenue de los objetos de cielo profundo o la atmósfera que afecta la nitidez. Con el procesamiento adecuado, podemos transformar datos planos y sin vida en obras maestras llenas de detalles y colores.

Importancia de la edición en astrofotografía:
• Resaltar los detalles sutiles: las nebulosas, galaxias y cúmulos contienen estructuras complejas que necesitan técnicas avanzadas de procesamiento para ser visibles.
• Optimizar la señal: la edición permite mejorar la relación señal-ruido, reduciendo artefactos y resaltando las zonas más relevantes.
• Recuperar colores y contrastes naturales: a través de procesos como el estirado de histograma y el balance de color, logramos imágenes más equilibradas y atractivas.
• Eliminar imperfecciones: las técnicas de calibración y apilado ayudan a corregir defectos como gradientes de contaminación lumínica, ruido o artefactos ópticos.

Mejores herramientas para el procesamiento astrofotográfico

1. PixInsight
• Considerado el estándar de oro en procesamiento astrofotográfico.
• Ofrece herramientas avanzadas como Dynamic Background Extraction (DBE), reducción de ruido, estirado de histogramas y técnicas específicas para astrofotografía en banda estrecha.
• Es ideal para procesos complejos y permite un control total sobre cada etapa.

2. Adobe Photoshop:

- Aunque no está especializado en astrofotografía, es una herramienta poderosa para ajustar colores, contraste y reducir ruido.
- Perfecto para trabajos finales como la mejora del impacto visual o la creación de composiciones artísticas.

3. Astro Pixel Processor (APP):

- Excelente para principiantes o para la etapa de calibración, alineado y apilado.
- Simplifica muchos procesos iniciales y es compatible con datos en múltiples longitudes de onda.

4. DeepSkyStacker (DSS):

- Herramienta gratuita ideal para apilado y preprocesamiento básico.
- Funciona como paso inicial para quienes luego procesan en PixInsight o Photoshop.

5. StarTools:

- Fácil de usar y con herramientas específicas para resaltar detalles y controlar gradientes de luz.

6. Siril:

- Alternativa gratuita y potente que combina herramientas de apilado y procesado básico.
- Ideal para astrofotógrafos que comienzan o desean explorar opciones gratuitas.

Herramientas de planificación

La planificación es fundamental en astrofotografía, especialmente cuando intentas capturar objetos específicos del cielo nocturno o maximizar el tiempo bajo cielos despejados. Con la ayuda de aplicaciones y herramientas, puedes anticiparte a las mejores condiciones, identificar objetos y optimizar tus sesiones. Aquí te explicamos cómo sacar provecho de algunas de las mejores apps disponibles.

1. Stellarium (stellarium.org/es)

Qué es: un planetario virtual que simula el cielo nocturno en tiempo real según tu ubicación.

Funciones destacadas:

- Identificación de objetos celestes (planetas, galaxias, cúmulos, nebulosas).
- Proyección del cielo en diferentes fechas y horas.

Modo de telescopio: puedes conectar y controlar telescopios compatibles.

- Personalización según filtros y equipos para visualizar cómo se verá el objeto.

Ideal para: planificar la posición de objetos celestes en tu cielo local y ajustar el momento óptimo para capturarlos.

Disponible en: PC, Mac, Android, iOS.

2. Telescopius (telescopius.com/spa)

Qué es: un planificador de observación y astrofotografía en línea.

Funciones destacadas:

- Generación de listas de observación personalizadas según tu ubicación, equipo y preferencias.
- Visualización del encuadre exacto de tus objetos con tu equipo (telescopio y cámara).
- Información sobre la ventana de visibilidad de los objetos y el grado de elevación sobre el horizonte.
- Herramientas para elegir fechas y horarios con la mejor visibilidad.

Ideal para: optimizar el encuadre y priorizar objetivos en función del equipo que poseas.

Disponible en: navegador web.

3. SkySafari (skysafariastronomy.com)

Qué es: una app avanzada de planetario y control de telescopios.

Funciones destacadas:

- Mapa interactivo del cielo con información detallada sobre objetos.
- Función de control remoto para telescopios compatibles.
- Planificación basada en eventos astronómicos (oposiciones, eclipses, conjunciones).
- Base de datos masiva con más de 100 millones de estrellas y objetos celestes.

Ideal para: astrofotógrafos que usan telescopios motorizados o buscan datos detallados sobre objetos específicos.

Disponible en: Android, iOS.

4. Clear Outside (clearoutside.com/forecast/50.7/-3.52)

Qué es: una herramienta meteorológica diseñada específicamente para astrónomos.

Funciones destacadas:

- Predicción detallada de nubes, humedad, visibilidad y condiciones del cielo nocturno.
- Información sobre niveles de contaminación lumínica.
- Indicadores de la calidad del *seeing* y el índice de claridad del cielo.

Ideal para: determinar si vale la pena preparar tu equipo según las condiciones del cielo.

Disponible en: Android, iOS, navegador web.

5. PhotoPills (www.photopills.com/es)

Qué es: una app de planificación fotográfica que incluye herramientas avanzadas para astrofotografía.

Funciones destacadas:

- Calculadora de exposiciones para rastros de estrellas y fotos sin seguimiento.
- Predicción de la posición de la Vía Láctea en una fecha y hora específicas.
- Información sobre la salida y puesta de sol, la Luna y eventos celestes.
- Realidad aumentada para previsualizar el cielo sobre un paisaje.

Ideal para: planificación creativa en fotografía nocturna y de paisaje astronómico.

Disponible en: Android, iOS.

6. Astrospheric (www.astrospheric.com)

Qué es: una app meteorológica diseñada específicamente para astrofotógrafos en América del Norte.

Funciones destacadas:

- Predicciones de nubes, *seeing*, transparencia y calidad del cielo.
- Herramientas para planificar sesiones según ventanas de condiciones ideales.

Ideal para: fotógrafos en América del Norte que necesitan predicciones precisas.

Disponible en: Android, iOS.

7. Nightshift Stargazing

Qué es: una app de planificación astronómica sencilla y efectiva.

Funciones destacadas:

- Información sobre eventos celestes (lluvias de meteoros, conjunciones).
- Seguimiento de la visibilidad de objetos destacados en tu ubicación.
- Horarios personalizados según tu zona horaria.

Ideal para: planificar sesiones rápidas y eventos específicos.

Disponible en: Android, iOS.

Consejos prácticos para la planificación

- Consulta varias fuentes: combina aplicaciones de planetario como Stellarium o SkySafari con predicciones meteorológicas como Clear Outside para maximizar tus probabilidades de éxito.
- Sincroniza con tu equipo: usa herramientas como Telescopius o PhotoPills para previsualizar el encuadre exacto según tu telescopio y cámara.
- Considera la Luna: asegúrate de planificar objetos que no se vean afectados por el brillo lunar, a menos que sea el objetivo principal.
- Sé flexible: las condiciones climáticas cambian, así que ten siempre un plan alternativo.

Con estas herramientas y una planificación adecuada, tus sesiones de astrofotografía estarán siempre un paso más cerca de capturar la perfección del cosmos.

El desafío final: Años luz: retratos del cosmos

Queridos astrofotógrafos y amantes del cielo nocturno, cuando levantamos la mirada al cielo, nos conectamos con luz que ha viajado durante años, incluso milenios, para llegar hasta nosotros. Capturar esa luz no es solo un desafío técnico; es un arte que refleja nuestra pasión por el universo.

Años luz: retratos del cosmos es un proyecto colectivo diseñado para inmortalizar las mejores obras de astrofotografía de nuestra comunidad. Es una invitación a compartir tu visión única del cosmos, a contar historias a través de tus imágenes, y a dejar un legado que trascienda el tiempo, como la luz que fotografiamos.

¿Qué buscamos?

Queremos esas imágenes que no solo muestran la belleza del universo, sino también la historia y la emoción detrás de cada captura. Imágenes que hablen del esfuerzo, la dedicación y la pasión que tienes por las estrellas. Aquí algunas categorías en las que puedes participar:

• Paisaje nocturno: desde la majestuosidad de la Vía Láctea sobre paisajes naturales hasta las luces de la ciudad dialogando con el cielo estrellado.

• Fotografía planetaria: detalles fascinantes de Júpiter, Saturno, la Luna o cualquier planeta que haya atrapado tu lente.

• Cielo profundo: nebulosas, galaxias y cúmulos que nos inspiren a mirar más allá y soñar con lo infinito.

¿Por qué participar?

• Inmortaliza tu obra: tus imágenes formarán parte de una edición especial que celebrará el talento y la creatividad de nuestra comunidad.

• Reconocimiento: cada imagen seleccionada incluirá el crédito correspondiente, detalles técnicos y, si lo deseas, un breve comentario sobre lo que esa imagen significa para ti.

• Inspira a otros: tu trabajo podrá motivar a futuros astrofotógrafos, animándolos a levantar la vista y perseguir sus sueños bajo el cielo estrellado.

Cómo participar

1. Selecciona tus mejores trabajos: ya sea un paisaje nocturno, una galaxia lejana o un cúmulo brillante, elige las imágenes que mejor representen tu visión del cosmos.

2. Incluye detalles técnicos: envía tus imágenes en formato digital, acompañadas de:

• Equipo utilizado: telescopio, cámara, filtros, etc.

• Configuración de captura: tiempo de exposición, ISO, *software* de procesado.

• Ubicación y condiciones del cielo: contexto que enriquezca tu obra.

• Comentario personal: lo que representa para ti esa imagen o la historia detrás de su captura.

3. Diversidad y excelencia: seleccionaremos las mejores imágenes de cada categoría, garantizando una representación variada y de alta calidad.

Tu momento de brillar

El cielo está lleno de maravillas, pero son tus ojos, tu pasión y tu habilidad los que convierten esas maravillas en arte. Este proyecto no es solo mío, sino nuestro. Es una celebración del arte y la ciencia, una oportunidad para aprender juntos y dejar una huella en la historia de la astrofotografía. ¿Estás listo para aceptar el desafío y dejar tu huella entre las estrellas?

Envía tus trabajos y sé parte de Años luz: retratos del cosmos, un proyecto que trasciende el tiempo y la distancia. ¡Estoy deseando ver el universo a través de tus ojos! Juntos, crearemos un legado celestial.

Bases para poder participar

Envía tus imágenes a: astrocosmosproyecto@gmail.com, incluyendo los siguientes detalles:

1. Formato: TIFF, PNG o JPEG en máxima calidad.

2. Resolución: mínimo 2000 píxeles en el lado más corto, a 300 dpi.

3. Datos requeridos:

  • Título de la imagen: Un nombre que resuma la esencia de tu trabajo.

  • Equipo y parámetros técnicos utilizados: Incluye detalles como telescopio, cámara, filtros, tiempo de exposición, ISO, etc.

  • Ubicación y condiciones del cielo: Describe el lugar y las condiciones en las que capturaste la imagen.

  • Breve comentario personal: Comparte lo que representa para ti esta imagen o la historia detrás de su captura.

4. Declaración. Incluir el siguiente texto en el correo: "Garantizo que la imagen enviada es de mi autoría y cedo permiso para su uso exclusivo en el proyecto Años luz: retratos del cosmos y materiales promocionales asociados".

Consejos adicionales:

• Asegúrate de revisar la calidad de la imagen antes de enviarla. Queremos que tus obras luzcan en todo su esplendor.

• Si tu archivo es muy grande, puedes utilizar herramientas como WeTransfer o Google Drive para compartirlo.

Conclusión del capítulo

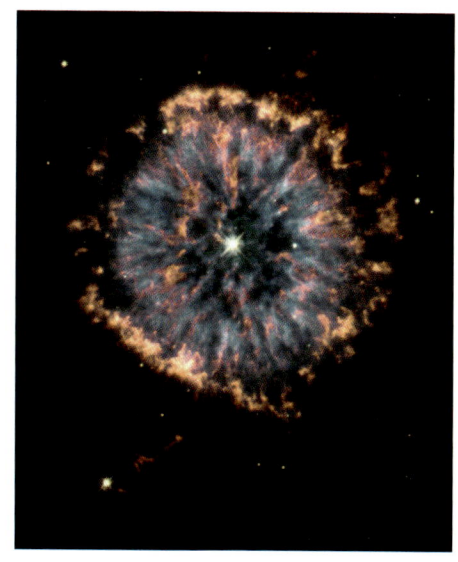

NGC 6751, The glowing eye. Imagen de ESA/Hubble

Este capítulo ha ofrecido una visión práctica de cómo aplicar los conceptos aprendidos, desde la planificación inicial hasta el procesamiento final. Los ejemplos y retos fotográficos propuestos sirven como una guía para mejorar tus habilidades, aprender de los errores comunes y explorar nuevas técnicas que te lleven a capturar imágenes más impactantes del cosmos. La práctica constante y la reflexión sobre cada sesión son esenciales para seguir avanzando.

Próximos pasos

En el próximo capítulo, nos adentraremos en los recursos adicionales y en la comunidad de astrofotografía. Descubrirás herramientas útiles, plataformas para compartir tus trabajos y oportunidades para conectar con otros entusiastas, fortaleciendo así tu experiencia y aprendizaje continuo.

Capítulo 11

RECURSOS ADICIONALES Y COMUNIDAD ASTROFOTOGRÁFICA

NGC 2359, el Casco de Thor. Imagen de Félix Juste

11.1. Recomendaciones de libros, artículos y foros

Recursos recomendados para astrofotógrafos

1. Libros

• Astrophotography (Rocky Nook, 2014) de Thierry Legault. Este manual imprescindible abarca desde los fundamentos técnicos hasta técnicas avanzadas de captura y procesamiento. Ideal tanto para principiantes como para astrofotógrafos experimentados que buscan llevar su trabajo al siguiente nivel.

• The Deep-Sky Imaging Primer (Deep-sky Publishing, 2022, 3ª ed.), de Charles Bracken. Una guía práctica y accesible centrada en la astrofotografía de cielo profundo. Explica los conceptos clave de forma clara, desde el equipo necesario hasta el procesamiento de imágenes, haciendo que sea ideal para quienes desean especializarse en esta área.

• Making Every Photon Count (Chanctonbury Observatory, 2014), de Steve Richards. Un libro detallado que ayuda a optimizar cada paso del proceso, desde la captura de luz hasta el procesamiento final. Perfecto para quienes desean mejorar su eficiencia y obtener el máximo de sus sesiones.

• Digital SLR Astrophotography (Cambridge University Press, 2018, 2ª ed.), de Michael A. Covington. Centrado en el uso de cámaras DSLR para la astrofotografía, este libro cubre técnicas, equipo y consejos para obtener resultados espectaculares sin necesidad de equipos especializados.

2. Revistas, blogs y plataformas científicas

• Sky & Telescope y Astronomy. Estas revistas especializadas ofrecen una amplia variedad de artículos sobre técnicas, análisis de equipos, tutoriales y proyectos astronómicos. Son una excelente fuente de inspiración y aprendizaje constante.

• Blogs de astrofotógrafos. AstroBackyard (astrobackyard.com), de Trevor Jones: blog y canal de YouTube que combina tutoriales prácticos, reseñas de equipos y proyectos inspiradores.

Peter Zelinka Photography (peterzelinka.com): centrado en guías detalladas y análisis de *software* como PixInsight.

The Lonely Speck (lonelyspeck.com), de Ian Norman: ideal para quienes aman la fotografía de paisajes nocturnos con la Vía Láctea.

• Plataformas científicas. Consulta artículos en arxiv.org (Cornell University) o space.com para obtener información técnica y científica sobre objetos astronómicos que podrías fotografiar.

3. Foros y Comunidades Online

• Cloudy Nights (cloudynights.com): una de las comunidades más activas en astrofotografía y astronomía. Los usuarios comparten imágenes, hacen preguntas, resuelven dudas técnicas y revisan equipos. Es un espacio invaluable para aprender de la experiencia de otros.

• AstroBin (es.welcome.astrobin.com): plataforma diseñada específicamente para astrofotografía, donde los usuarios pueden compartir sus imágenes, explorar trabajos de otros y analizar configuraciones técnicas. Una fuente de inspiración y aprendizaje continuo.

• Reddit (reddit.com/r/astrophotography): Comunidad en Reddit dedicada a la astrofotografía, donde se comparten imágenes, consejos y tutoriales. Es una comunidad diversa, ideal para quienes buscan ayuda rápida o feedback sobre su trabajo.

• Facebook Groups: grupos como Deep Sky Astrophotography y Astrophotography for Beginners conectan a astrofotógrafos de todo el mundo para compartir consejos, experiencias y soluciones.

4. Cursos y tutoriales online

• Astroacademy: cursos prácticos sobre técnicas de captura y procesamiento de imágenes.

• PixInsight Oficial: tutoriales avanzados para dominar el procesado de astrofotografía.

• MasterClass de Trevor Jones: aprende de uno de los astrofotógrafos más influyentes en técnicas modernas.

5. *Software* y herramientas de referencia

• Stellarium: *software* de planetario gratuito para planificar observaciones.

• Telescopius: herramienta online para elegir objetos astronómicos según tu equipo y ubicación.

• Astro Photography Tool (APT): *software* para controlar tu cámara y telescopio con facilidad.

Con estos recursos, tendrás una guía sólida para profundizar en tus conocimientos, perfeccionar tus técnicas y conectarte con una comunidad global apasionada por la astrofotografía. ¡El aprendizaje no tiene límites!

Fotógrafos en los que me inspiro

Dan Zafra es un astrofotógrafo y educador reconocido, especialmente popular por su enfoque práctico y accesible hacia la astrofotografía. Es cofundador de Capture the Atlas, una plataforma que combina recursos educativos, guías de astrofotografía y fotografía de paisajes nocturnos. Destacamos a Dan Zafra en astrofotografía por:

1. Enfoque didáctico: Dan se especializa en guías detalladas pero fáciles de entender, ideales para principiantes que buscan aprender desde cero o para fotógrafos experimentados que quieren pulir sus habilidades.

2. Proyectos populares:

• Milky Way Photographer of the Year: un proyecto anual que reúne las mejores imágenes de la Vía Láctea de fotógrafos de todo el mundo, promoviendo tanto el arte como la inspiración.

• Su trabajo en fotografía de la Vía Láctea es especialmente influyente, ya que muestra cómo capturar esta maravilla desde diversas ubicaciones y condiciones.

3. Contenido educativo:

• Tutoriales: desde técnicas básicas de captura hasta guías avanzadas sobre procesado de imágenes.

• Equipos y configuraciones: reseñas y recomendaciones sobre cámaras, lentes y accesorios para maximizar resultados.

• Planificación: enfoque en herramientas como PhotoPills y Stellarium para optimizar la planificación de sesiones nocturnas.

4. Estilo inspirador: Dan combina un estilo visual impresionante con una narrativa que motiva a los fotógrafos a superar sus propios límites.

5. Recursos online:

• Capture the Atlas Blog (capturetheatlas.com): ofrece guías completas sobre astrofotografía, incluyendo configuraciones, técnicas y post-procesado.

• Cursos y talleres: Dan lidera talleres de fotografía nocturna en lugares icónicos de todo el mundo, como desiertos y parques nacionales.

Dan Zafra es una referencia imprescindible para quienes buscan inspiración y conocimientos prácticos en astrofotografía, especialmente en fotografía de la Vía Láctea y paisajes nocturnos. Si buscas aprender de un experto que combina arte y técnica de manera magistral, sus recursos son altamente recomendados.

Identificar: Vía Láctea con el Arco Delicado, Parque Natural de los Arcos en Utah, Estados Unidos. Fotografía de Dan Zafra - www.capturetheatlas.com

Identificar: Vía Láctea en el lago Lightning, Parque Nacional Aoraki/Mount Cook, Isla Sur de Nueva Zelanda. Fotografía de Dan Zafra - www.capturetheatlas.com

Astrofotógrafos de habla hispana de gran reconocimiento

Damos referencia de astrofotógrafos reconocidos de habla hispana que han destacado tanto por la calidad de sus trabajos como por su labor educativa y de divulgación en el mundo de la astrofotografía:

1. Juan Carlos Casado (España)

• Especialidad: fotografía astronómica de gran formato y paisajes nocturnos, combinando cielos estrellados con impresionantes paisajes terrestres.

• Reconocimientos: ha obtenido numerosos premios de la NASA como Astronomy Picture of the Day (APOD) y es colaborador habitual de medios científicos como *Sky & Telescope* y *Astronomy Magazine*.

• Proyectos: miembro de TWAN (The World at Night), una red internacional de astrofotógrafos. Autor de guías prácticas y recursos sobre astrofotografía.

• Estilo: combina arte y ciencia en imágenes que muestran fenómenos astronómicos como eclipses, auroras y la Vía Láctea.

Vía Láctea con el Arco Delicado, Parque Natural de los Arcos en Utah, Estados Unidos.
Fotografía de Dan Zafra - www.capturetheatlas.com

Vía Láctea en el lago Lightning, Parque Nacional Aoraki/Mount Cook, Isla Sur de Nueva Zelanda.
Fotografía de Dan Zafra - www.capturetheatlas.com

2. Rogelio Bernal Andreo (España)

• Especialidad: astrofotografía de cielo profundo con técnicas avanzadas de procesado. Sus imágenes destacan por su detalle y riqueza en colores.

• Reconocimientos: múltiples premios APOD de la NASA; reconocido internacionalmente por sus contribuciones a la astrofotografía avanzada.

• Proyectos: desarrolla tutoriales y comparte su experiencia en técnicas de procesamiento digital.

• Estilo: se centra en capturar objetos celestes como nebulosas y galaxias con gran precisión y detalle artístico.

3. Daniel López (España)

• Especialidad: astrofotografía de paisajes y *time-lapse* astronómicos. Es conocido por sus espectaculares vídeos que muestran la rotación del cielo nocturno.

• Reconocimientos: varias publicaciones en APOD y en revistas científicas internacionales.

• Proyectos: creador de elcielodecanarias.com, donde muestra la riqueza astronómica de las Islas Canarias como lugar privilegiado para la astrofotografía.

• Estilo: sus imágenes y vídeos destacan por la integración perfecta entre el cielo nocturno y los paisajes volcánicos de Canarias.

4. César Cantú (México)

• Especialidad: fotografía de cielo profundo y educación astronómica. Ha trabajado extensamente en la promoción de la astronomía en México y América Latina.

• Reconocimientos: colabora con instituciones científicas y centros de observación.

• Proyectos:

• Autor del libro *El universo en tus manos*, donde comparte su experiencia en astrofotografía.

• Comparte tutoriales y consejos prácticos para principiantes y avanzados.

5. Víctor Bensusi (España)

• Especialidad: fotografía lunar y planetaria. Ha perfeccionado técnicas para capturar detalles impresionantes de la Luna y los planetas desde cielos urbanos.

• Proyectos: divulgador activo en redes sociales y plataformas como YouTube, donde comparte sus técnicas de captura y procesado.

- Estilo: imágenes que muestran el brillo y los detalles más impactantes de nuestro sistema solar.

6. José Jiménez (España)

- Especialidad: fotografía de cielo profundo con telescopios de gran apertura. Ha capturado imágenes espectaculares de galaxias y nebulosas.
- Reconocimientos: premios en concursos internacionales de astrofotografía.
- Proyectos: divulgador de astrofotografía a través de conferencias y talleres.

7. Dídac Mesa (España)

- Especialidad: astrofotografía de paisajes y cielos oscuros. Sus imágenes combinan elementos naturales y arquitectónicos con cielos llenos de estrellas.
- Proyectos: publica tutoriales en redes sociales y colabora con iniciativas de preservación de cielos oscuros.
- Estilo: enfocado en la conexión entre el cielo y la tierra, con una narrativa visual cautivadora.

Estos astrofotógrafos no solo destacan por la calidad de sus imágenes, sino también por su capacidad de inspirar y enseñar a otros. Si buscas referencias para aprender, motivarte o simplemente disfrutar del arte del cielo nocturno, ellos son una excelente fuente de inspiración.

11.2. *Software* útil y recursos en línea

El éxito en astrofotografía no solo depende del equipo físico, sino también del conocimiento y las herramientas digitales que utilizamos para capturar y procesar nuestras imágenes. A continuación, encontrarás un listado ampliado de *software* esencial y recursos en línea que pueden ayudarte a perfeccionar tus habilidades y resultados.

1. *Software* de procesamiento de imágenes

El procesamiento es una de las etapas más importantes en astrofotografía. Estos programas son esenciales para mejorar la calidad de las imágenes capturadas:

PixInsight:

• Reconocido como la herramienta más avanzada y versátil para procesar imágenes astronómicas.

• Ofrece módulos para calibración, apilamiento, reducción de ruido, eliminación de gradientes y estirado de datos.

• Ideal para astrofotógrafos avanzados debido a su curva de aprendizaje, pero imprescindible para lograr resultados profesionales.

DeepSkyStacker (DSS):

• Herramienta gratuita para apilar imágenes de cielo profundo.

• Fácil de usar, permite combinar light *frames*, *Dark frames*, *Flats* y *Bias* para mejorar la relación señal/ruido.

• Excelente para principiantes que buscan un *software* intuitivo para empezar a procesar sus imágenes.

Astro Pixel Processor (APP):

• *Software* de pago que simplifica el proceso de apilamiento y calibración, ideal para quienes buscan una alternativa más sencilla a PixInsight.

• Incluye herramientas para combinar mosaicos y gestionar gradientes de luz.

Photoshop:

• Aunque no es específico de astrofotografía, sigue siendo una herramienta popular para ajustes finales como contraste, saturación y reducción de ruido.

• Compatible con complementos específicos como Astronomy Tools Action Set.

Topaz DeNoise AI:

• *Software* especializado en reducción de ruido que utiliza inteligencia artificial para limpiar las imágenes sin perder detalles.

2. *Software* de planificación y control

Además de procesar imágenes, la planificación y captura son clave para obtener buenos resultados:

Stellarium (stellarium.org):

• *Software* gratuito de planetario que permite planificar observaciones y capturas, identificando la posición de objetos celestes según la ubicación y hora.

• Ideal para principiantes y experimentados que deseen planificar sesiones con precisión.

Telescopius (telescopius.com):

• Herramienta en línea para seleccionar objetos astronómicos visibles desde tu ubicación.

• Ofrece simulaciones de campo de visión y sugerencias según tu equipo.

NINA, Nighttime Imaging 'N'Astronomy (nighttime-imaging.eu):

• *Software* gratuito para automatizar la captura de imágenes, incluyendo enfoque, guiado y programación de sesiones completas.

• Compatible con una amplia variedad de cámaras y telescopios.

Asiair:

• Sistema integral (dispositivo y aplicación) para controlar cámaras, monturas y accesorios. Simplifica el enfoque, el guiado y la captura con una interfaz intuitiva.

3. Recursos educativos en línea

La astrofotografía es un aprendizaje continuo. Aquí encontrarás recursos para mejorar tus habilidades:

Cursos en plataformas:

• Coursera: ofrece cursos relacionados con astronomía y fotografía, ideales para entender los fundamentos.

• Udemy: Incluye cursos prácticos sobre astrofotografía, desde configuraciones iniciales hasta técnicas avanzadas de procesado.

Canales de YouTube:

• AstroBackyard (Trevor Jones): tutoriales prácticos y reseñas de equipos para astrofotografía.

• Peter Zelinka: enfocado en PixInsight, procesado avanzado y consejos prácticos para cielos oscuros.

• AstroHutech: canal técnico para astrofotografía de cielo profundo y equipos avanzados.

Blogs de astrofotografía:

• Capture the Atlas (Dan Zafra): Guías completas para fotografía de la Vía Láctea y cielo profundo.

• The Lonely Speck: Ideal para aprender sobre fotografía nocturna con cámaras DSLR.

11.3. Participación en comunidades de astrofotografía y concursos

Comunidades en línea

Grupos en Redes Sociales

• Intercambio de experiencias: los grupos en plataformas como Facebook, Reddit o Discord son ideales para compartir conocimientos, resolver dudas técnicas y aprender de otros aficionados y profesionales. Estos espacios suelen incluir discusiones sobre procesamiento, técnicas de captura, y comparaciones de equipos.

• Acceso a recursos gratuitos: muchas comunidades en línea ofrecen acceso a tutoriales, guías, y plantillas para mejorar tanto la captura como el procesamiento de imágenes. Además, algunos grupos organizan sesiones en vivo para resolver problemas o mostrar flujos de trabajo.

• Colaboraciones internacionales: estos grupos facilitan la conexión con astrofotógrafos de todo el mundo, lo que puede llevar a colaboraciones en proyectos conjuntos, como mosaicos celestes o campañas de observación coordinada de eventos astronómicos.

Plataformas de imagen

• AstroBin: específicamente diseñada para astrofotografía, esta plataforma permite a los usuarios subir imágenes con datos técnicos completos, como telescopio, cámara, filtros, y *software* utilizado. También facilita la búsqueda de imágenes similares para comparar resultados.

• Instagram y Flickr: además de publicar imágenes, estas plataformas ofrecen la oportunidad de interactuar con un público más general. Usar etiquetas (*hashtags*) populares (#astrophotography, #milkyway, #deepsky) puede ayudar a ampliar la visibilidad.

• Retroalimentación constructiva: en muchas plataformas, la comunidad brinda comentarios útiles para mejorar las técnicas de captura o procesamiento. Esto es especialmente valioso para quienes están comenzando.

• Almacenamiento y organización: además de compartir imágenes, muchas plataformas ofrecen funcionalidades para organizar el portafolio personal y mantener un registro de proyectos pasados, útil tanto para amateurs como para profesionales.

Concursos de astrofotografía

Premios anuales

• Astronomy Photographer of the Year: organizado por el Royal Observatory de Greenwich, este prestigioso concurso tiene categorías para diferentes niveles y tipos de fotografía astronómica, desde cielo profundo hasta paisajes astronómicos. Participar no solo puede ganar premios, sino también visibilidad global.

• Insight Investment Astrophotography Awards: este concurso, abierto tanto a aficionados como a profesionales, premia la innovación y la calidad artística en la astrofotografía.

• Concursos locales: muchas agrupaciones astronómicas y clubes organizan competiciones más pequeñas, ideales para principiantes o para quienes buscan retroalimentación más cercana.

Exhibiciones locales y globales

• Exposiciones en museos y centros culturales: presentar tus imágenes en eventos locales o globales, como ferias científicas o semanas culturales, te conecta con un público diverso y fomenta la apreciación de la astrofotografía como forma de arte.

• Festivales de ciencia y tecnología: participar en festivales que promueven la ciencia permite combinar la astrofotografía con la divulgación científica, mostrando el vínculo entre arte y ciencia.

• Galerías en línea: muchas plataformas ofrecen espacios virtuales para exhibir imágenes de astrofotografía, como las galerías de NASA's Astronomy Picture of the Day (APOD) o Space.com. Ser seleccionado por estas páginas puede generar un gran reconocimiento.

• Talleres y demostraciones en eventos: durante exhibiciones, muchos astrofotógrafos combinan la presentación de imágenes con talleres prácticos, donde enseñan técnicas de captura o procesamiento, generando un impacto más educativo.

Conclusión del capítulo

En este capítulo hemos explorado las herramientas, plataformas y comunidades que pueden enriquecer tu experiencia en la astrofotografía. Aprovechar los recursos disponibles y formar parte de una comunidad activa te permitirá no solo mejorar tus habilidades técnicas, sino también encontrar inspiración y apoyo en cada paso de tu viaje. La colaboración y el aprendizaje compartido son pilares fundamentales para crecer en este apasionante campo.

Reflexión final

En el capítulo final, recapitularemos los conceptos clave y reflexionaremos sobre el impacto de la astrofotografía como arte y ciencia. También te ofreceremos consejos para seguir progresando y disfrutando de esta fascinante aventura bajo las estrellas.

M27, Nebulosa Dumbble. Imagen de Félix Juste

Capítulo 12

RESUMEN FINAL

M57, LA NEBULOSA DEL ANILLO, EN LA CONSTELACIÓN DE LYRA.
IMAGEN DE ESA/HUBBLE

12.1. Recapitulación de conceptos clave

Resumen de técnicas y estrategias

Captura de imágenes

La planificación es esencial para garantizar resultados óptimos en astrofotografía. Esto incluye identificar el mejor momento para la captura (considerando fases lunares, condiciones atmosféricas y ubicación de los objetos celestes) y seleccionar la configuración adecuada del equipo. Es fundamental ajustar correctamente los parámetros de exposición, ganancia y temperatura de la cámara para maximizar el detalle y minimizar el ruido. Además, las técnicas de apilamiento y calibración, como el uso de *Darks*, *Flats* y *Bias*, permiten mejorar significativamente la calidad final al eliminar artefactos y optimizar la señal capturada.

Procesamiento de imágenes

El procesamiento es una etapa crítica para revelar todo el potencial de los datos capturados. Las técnicas de estiramiento del histograma permiten resaltar detalles tenues sin saturar las áreas brillantes. La eliminación de gradientes, especialmente en cielos con contaminación lumínica, es esencial para lograr un fondo homogéneo y natural. Finalmente, el ajuste del color, a través de herramientas específicas, puede realzar el contraste y fidelidad de los tonos, destacando estructuras y elementos que podrían pasar desapercibidos.

Resolución de problemas

Manejo de desafíos comunes

Enfrentar los problemas más habituales en astrofotografía requiere un enfoque práctico. Para combatir la contaminación lumínica, los filtros de banda estrecha y la selección de lugares oscuros son opciones clave. Los problemas de enfoque, ya sean causados por variaciones de temperatura o errores mecánicos, pueden minimizarse con máscaras de Bahtinov o sistemas de enfoque automatizados. Las aberraciones ópticas, como el coma o el astigmatismo, se corrigen con accesorios específicos como correctores de campo o mediante ajustes en la alineación del equipo.

Optimización del equipo

El mantenimiento regular del equipo asegura su buen rendimiento a largo plazo. Esto incluye la limpieza de ópticas y sensores, así como revisiones periódicas de las monturas y sistemas de alineación. Además, la actualización de componentes, como cámaras más sensibles o monturas con mejor capacidad de seguimiento, puede elevar significativamente la calidad de las imágenes capturadas. Integrar accesorios como filtros avanzados o sistemas de guiado automático también contribuye a optimizar cada sesión de captura.

12.2. Consejos para seguir mejorando

Explorar nuevas técnicas

La astrofotografía es un campo en constante evolución, lo que la convierte en una disciplina ideal para quienes disfrutan de experimentar y aprender. Probar diferentes métodos de captura y procesamiento no solo expande las habilidades, sino que también fomenta la creatividad. Esto puede incluir trabajar con filtros específicos para resaltar detalles particulares, como los de banda estrecha para nebulosas o filtros multibanda para cielos con contaminación lumínica. Asimismo, explorar técnicas avanzadas, como mosaicos para abarcar grandes áreas del cielo o capturas en alta resolución para planetas, ayuda a diversificar la experiencia y a descubrir nuevas áreas de interés.

Participar en talleres y cursos

Los talleres, conferencias y cursos, ya sean presenciales o en línea, ofrecen la oportunidad de aprender de expertos en el campo y de mantenerse al día con las últimas técnicas y tecnologías. Estos eventos suelen incluir sesiones prácticas y demostraciones que permiten perfeccionar habilidades específicas, como la manipulación avanzada de *software* de procesamiento o el uso de equipos de última generación. Además, algunos cursos ofrecen certificaciones que pueden ser útiles si se desea avanzar profesionalmente en este ámbito o colaborar en proyectos científicos.

Conectar con otros astrofotógrafos: formar parte de comunidades en línea y asistir a eventos en persona, como ferias de astronomía, congresos o encuentros organizados por agrupaciones astronómicas, es una excelente manera de compartir conocimientos, resolver dudas y mantenerse inspirado. Estas interacciones no solo enriquecen la experiencia personal, sino que también pueden llevar al descubrimiento de nuevos enfoques y técnicas gracias a las aportaciones de otros astrofotógrafos.

Colaboración en proyectos: participar en proyectos colaborativos ofrece oportunidades únicas para contribuir al avance del conocimiento astronómico. Esto puede incluir campañas de observación coordinadas, como la búsqueda de supernovas, el seguimiento de asteroides o la creación de bases de datos de objetos celestes. Estas iniciativas no solo tienen un impacto científico real, sino que también fortalecen la sensación de comunidad y propósito compartido.

Salidas en grupo: las quedadas grupales para fotografiar el cielo son una oportunidad invaluable de aprendizaje práctico. Estas sesiones, además de ser momentos para compartir configuraciones y estrategias, permiten obtener retroalimentación directa sobre el uso del equipo y técnicas aplicadas. Durante las horas de captura, cuando el telescopio está trabajando, es común que los participantes intercambien ideas, debatan sobre desafíos comunes y aprendan sobre diferentes enfoques. Además, estas experiencias suelen fortalecer los lazos entre los miembros de la comunidad, creando amistades duraderas y promoviendo un entorno de colaboración.

Contribuir a la comunidad: compartir resultados, guías o tutoriales en plataformas públicas, como blogs, foros o redes sociales, puede consolidar el conocimiento adquirido y servir como una manera de devolver a la comunidad todo lo aprendido. Al mismo tiempo, esto puede abrir puertas a nuevas conexiones, oportunidades y proyectos conjuntos.

12.3. Reflexiones finales sobre la astrofotografía

La astrofotografía como arte y ciencia

Combinación de técnica y creatividad

La astrofotografía representa una fusión única entre la precisión técnica y la expresión artística. Cada imagen del cosmos es el resultado de un meticuloso dominio de la tecnología y un toque personal de creatividad. Desde la elección del encuadre hasta la interpretación de los colores y contrastes en el procesamiento, cada astrofotógrafo imprime su sello individual, transformando datos en auténticas obras de arte. Este equilibrio entre rigor e imaginación permite explorar el universo de maneras únicas, creando conexiones emocionales tanto con los astrofotógrafos como con quienes observan sus imágenes.

Contribución al conocimiento astronómico

Más allá de su valor estético, la astrofotografía tiene un impacto tangible en el avance de la astronomía. A lo largo de la historia, aficionados han descubierto cometas, asteroides e incluso supernovas, aportando datos clave a la comunidad científica. Cada fotografía, por sencilla que parezca, puede ser una pieza del rompecabezas para entender fenómenos celestiales, monitorear objetos en movimiento o mapear regiones inexploradas del universo. En este sentido, la astrofotografía conecta a los entusiastas con un propósito mayor: contribuir al conocimiento colectivo de la humanidad sobre el cosmos.

Inspiración y futuro

Motivación para nuevos astrofotógrafos

La astrofotografía puede parecer un desafío monumental al principio, pero cada pequeño logro trae consigo una inmensa satisfacción. Invitar a los nuevos entusiastas a sumergirse en este mundo es abrirles la puerta a una experiencia que combina descubrimiento personal y asombro continuo. Los errores y los contratiempos iniciales no deben desalentarlos, sino ser vistos como oportunidades para aprender y crecer. Cada imagen, por pequeña que sea, es un paso hacia el dominio de esta apasionante disciplina.

Exploración continua

La astrofotografía es un viaje sin fin, lleno de nuevos horizontes y desafíos. A medida que la tecnología avanza, las posibilidades se expanden, desde la captura de detalles más finos en nebulosas y galaxias lejanas hasta la exploración de técnicas innovadoras como el uso de inteligencia artificial en el procesamiento. El cielo siempre guarda secretos por descubrir, y cada noche despejada es una nueva oportunidad para aprender, experimentar y asombrarse.

Reflexión final

La astrofotografía no solo revela los misterios del universo, sino que también nos conecta con algo más grande que nosotros mismos. Nos recuerda que somos parte de un vasto y majestuoso cosmos, lleno de belleza y complejidad. Es tanto una disciplina que satisface la curiosidad científica como una forma de arte que alimenta el alma. Al mirar hacia el futuro, cada astrofotógrafo, ya sea principiante o experto, tiene la capacidad de contribuir a esta fascinante mezcla de arte, ciencia y pasión que define la astrofotografía.

Epílogo

La astrofotografía nos enseña que el universo no es solo un lugar lejano y misterioso, sino también un espejo en el que podemos vernos reflejados. Cada estrella, cada galaxia, cada nebulosa nos recuerda lo vasto que es el cosmos y, al mismo tiempo, lo valiosa que es nuestra propia existencia.

Al terminar este viaje, la invitación es clara: sigue mirando al cielo, buscando respuestas y creando nuevas preguntas. Porque, al final, la astrofotografía no se trata solo de capturar la luz de las estrellas; se trata de capturar un momento de conexión con algo más grande que nosotros mismos.

El cielo es inmenso, pero siempre habrá lugar para nuevas historias y nuevos descubrimientos. La próxima imagen, la próxima estrella, la próxima maravilla… te están esperando. (Félix Juste).

GLOSARIO DE ASTROFOTOGRAFÍA

A

• Aberración cromática: defecto óptico que provoca bordes de colores alrededor de las estrellas, causado por la incapacidad de los lentes para enfocar todos los colores en el mismo punto.

• Alineación polar: ajuste de la montura ecuatorial para alinear su eje de rotación con el eje de la Tierra, esencial para el seguimiento preciso de objetos celestes.

• Apilado (*Stacking*): técnica de combinar múltiples imágenes del mismo objeto para mejorar la relación señal-ruido y resaltar detalles débiles.

• Autoguiado: técnica que utiliza una cámara de guiado para corregir automáticamente pequeños errores en el seguimiento de la montura durante exposiciones largas.

B

• Banda estrecha: filtro que permite solo longitudes de onda específicas (como H-alpha, OIII o SII) y bloquea otras, útil para cielos contaminados.

• *Binning*: técnica que combina píxeles adyacentes en un sensor de cámara para aumentar la sensibilidad y mejorar la relación señal-ruido. Aunque reduce la resolución espacial, es útil para captar detalles en objetos tenues y distantes.

C

• Calibración: proceso que utiliza imágenes de referencia (*Darks*, *Flats*, *Bias*) para corregir defectos ópticos y ruido en las imágenes capturadas.

• CCD (Charge-Coupled Device): sensor digital altamente sensible, utilizado en cámaras astronómicas para capturar imágenes con bajo ruido.

• CMOS (Complementary Metal-Oxide Semiconductor): sensor moderno eficiente en energía, común en cámaras astronómicas y DSLR.

• Contaminación lumínica: luz artificial que dificulta la observación y captura de objetos celestes, especialmente en áreas urbanas.

• Curva de luz: representación gráfica de la luminosidad de un objeto celeste a lo largo del tiempo, útil para estudiar eclipses o supernovas.

D

• *Dark frame*: imagen de calibración tomada con el sensor cubierto para capturar ruido térmico y píxeles calientes.

- *Drift alignment*: método avanzado de alineación polar mediante la observación del desplazamiento de estrellas en el ocular o cámara.

- *Drizzle*: algoritmo utilizado en el procesamiento de imágenes que mejora la resolución y detalles al combinar múltiples imágenes con pequeños desplazamientos, ideal para telescopios de baja resolución o cámaras de píxeles grandes.

F

- Filtro CLS (City Light Suppression): filtro diseñado para reducir la contaminación lumínica de las lámparas urbanas, mejorando el contraste.

- Filtro Hα (Hidrógeno Alfa): filtro de banda estrecha diseñado para captar la luz emitida por el hidrógeno ionizado en el espectro Hα, con una longitud de onda central de 656,3 nanómetros.

- Filtro OIII: filtro que aísla la luz del oxígeno ionizado (500.7 nm), destacando detalles en nebulosas planetarias y de emisión.

- Filtro SII: filtro que aísla la luz del azufre ionizado (672.4 nm), utilizado junto con H-alpha y OIII para imágenes de banda estrecha.

- Filtro UHC (Ultra High Contrast): filtro de banda estrecha diseñado para mejorar el contraste en objetos de cielo profundo como nebulosas de emisión, nebulosas planetarias y algunas regiones H II.

- *Flat frame*: imagen de calibración que corrige viñeteos y sombras causadas por polvo en el tren óptico.

G

- Ganancia (Gain): ajuste de sensibilidad del sensor en cámaras astronómicas, similar al ISO en DSLR, que controla el ruido y la captación de luz.

- Gradiente: variación suave e indeseada en el brillo o color de una imagen astronómica, causada por contaminación lumínica u otros factores. Se corrige durante el procesamiento para lograr un fondo uniforme.

H

- Histograma: gráfico que muestra la distribución de la luminosidad en una imagen, utilizado para verificar la exposición y el rango dinámico.

I

- ISO: configuración de sensibilidad a la luz en cámaras DSLR; valores altos capturan más luz pero generan más ruido.

L

• *Light frame*: imagen principal de un objeto celeste capturada durante una sesión de astrofotografía.

• Luminancia: intensidad de luz capturada en una imagen, clave para los detalles en imágenes monocromas.

M

• Máscara de Bahtinov: herramienta que genera un patrón de difracción en una estrella para ajustar el enfoque con precisión.

• Montura altazimutal: montura que se mueve en altitud y azimut; fácil de usar pero no apta para exposiciones largas debido a la rotación de campo.

• Montura ecuatorial: montura diseñada para seguir el movimiento de los objetos celestes compensando la rotación de la Tierra, esencial para astrofotografía de larga exposición.

N

• Nebulosa planetaria: nube de gas brillante expulsada por una estrella moribunda, generalmente con formas llamativas.

• *Nyquist*, frecuencia de: principio que determina la resolución óptima para capturar detalles, basado en la relación entre el tamaño de los píxeles y la longitud focal.

P

• PixInsight: *Software* avanzado para procesar imágenes astronómicas, ampliamente utilizado por astrofotógrafos experimentados.

R

• Resolución angular: capacidad de un sistema óptico para distinguir detalles pequeños, medida en segundos de arco.

S

• *Seeing*: calidad del cielo nocturno determinada por la estabilidad atmosférica; un buen *seeing* es crucial para imágenes nítidas.

• *Stacking*: (ver "Apilado").

V

• Viñeteo: oscurecimiento gradual en los bordes de una imagen debido a las características ópticas del equipo.

Z

• Zona de Bortle: escala que mide la oscuridad del cielo nocturno, útil para planificar sesiones de astrofotografía.

AGRADECIMIENTOS

Este libro no habría sido posible sin la inspiración, el apoyo y la colaboración de muchas personas. Agradezco especialmente a:

- Dan Zafra www.capturetheatlas.com
- Carlos Sagan www.astrobin.com/users/CarlosSagan/
- Nicolas Large www.astrobin.com/users/Nikolarge/
- Kelvin Hennessy www.astrobin.com/users/Kelvin.Hennessy/
- Thomas Ray Russell Jr. www.astrobin.com/users/tomtom2245

Instagram: Tomasrrussell1
- Peter Hergesheimer www.astrobin.com/users/pherg/
- Zhang H. www.astrobin.com/users/Hoffentlich/
- José Luis Sangüesa - Instagram: @jlsanguesar
- Alberto Berdejo. - Agrupación Astronómica Aragonesa
- Ana Román - Agrupación Astronómica Aragonesa
- Ramón Salvador - Agrupación Astronómica Aragonesa
- Eduardo Francés - Agrupación Astronómica Aragonesa
- Juan Trujillo - Agrupación Astronómica Aragonesa
- Fundación Starlight - www.fundacionstarlight.org

A todos ellos, por su generosidad al permitir el uso de sus impresionantes imágenes.

También mi agradecimiento a mis amigos y familiares, en especial a "Las López" y a Menchu Casamayor, por su aliento constante y su paciencia durante este proceso.

A mis compañeros de la Agrupación Astronómica Aragonesa, gracias por las interminables noches de observación, las charlas apasionadas y los consejos que siempre mejoraron mis habilidades. Su entusiasmo por el cielo ha sido una fuente constante de motivación para mí.

También quiero expresar mi gratitud a quienes comparten su amor por la astrofotografía en comunidades en línea, foros y redes sociales. Sus contribuciones no solo me han ayudado a crecer, sino que me han inspirado a crear esta guía para devolver algo a esta increíble comunidad.

Finalmente, gracias a ti, lector, por embarcarte en este viaje. Espero que encuentres en estas páginas no solo herramientas y conocimientos, sino también la inspiración para mirar hacia el cielo y descubrir tu propio lugar entre las estrellas.